职业教育课程改革规划教材

U0290311

机电设备安装工艺学（第2版）

刘进球　吴振明　主编

电子工业出版社
Publishing House of Electronics Industry
北京·BEIJING

内 容 简 介

本书重点介绍机电设备的安装工艺与操作技术，主要内容包括机电设备安装的准备工作，机电设备的拆卸、清洗、润滑和装配，机电设备的安装方法，机电设备的检验、调整和试运转，典型机器零部件的安装工艺，典型机电设备的安装工艺。每章后均附有复习思考题。

本书的主要特点是侧重于实用，旨在使读者掌握机电设备安装的基本技能，为从事实际工作奠定基础。

本书可作为职业院校机电设备安装与维修专业的教材，也可供相关专业的工程技术人员学习和参考。

图书在版编目 (CIP) 数据

机电设备安装工艺学 / 刘进球，吴振明主编．—2 版．—北京：电子工业出版社，2018.12

ISBN 978-7-121-32530-4

Ⅰ．①机⋯ Ⅱ．①刘⋯ ②吴⋯ Ⅲ．①机电设备－设备安装－教材 Ⅳ．①TM05

中国版本图书馆 CIP 数据核字（2017）第 201452 号

策划编辑：张　凌
责任编辑：张　凌
印　　刷：北京盛通数码印刷有限公司
装　　订：北京盛通数码印刷有限公司
出版发行：电子工业出版社
　　　　　北京市海淀区万寿路 173 信箱　　邮编：100036
开　　本：787×1092　1/16　印张：11.75　字数：301 千字
版　　次：2002 年 4 月第 1 版
　　　　　2018 年 12 月第 2 版
印　　次：2024 年 7 月第 7 次印刷
定　　价：29.50 元

凡所购买电子工业出版社图书有缺损问题，请向购买书店调换。若书店售缺，请与本社发行部联系，联系及邮购电话：（010）88254888，88258888。

质量投诉请发邮件至 zlts@phei.com.cn，盗版侵权举报请发邮件至 dbqq@phei.com.cn。

本书咨询联系方式：（010）88254583，zling@phei.com.cn。

前　言

"机电设备安装工艺学"是机电设备安装与维修专业的专业课之一，目的是使学生系统地掌握机电设备安装的基础理论和方法，具有解决实际问题的能力。通过本课程的学习，应达到以下要求。

（1）了解机电设备安装的基本规定、一般原则和安装质量要求。

（2）掌握工程测量的基本原理、常用测量仪器的基本原理和使用方法。

（3）掌握机电设备的布局方法、基础设计和施工方法。

（4）熟练掌握典型机器零部件的结构特点和安装方法。

（5）了解典型设备的工作原理，掌握其安装方法。

（6）了解安装施工过程中常见故障及诊断、排除方法，能够排除安装施工过程中的简单故障。

（7）能进行常用机电设备分项目的施工组织方案设计，参与实地安装工程操作和施工组织管理。

本书在第1版的基础上进行了修订，改正了上一版的谬误之处，补充了部分新内容，以更好地满足教学需求。

全书共分四章，内容包括机电设备安装工程概述，机电设备安装的基本工艺过程，典型机器零部件的安装工艺及典型机电设备的安装工艺。书中带有*号的章节为选修内容。

本书由常州信息职业技术学院刘进球、吴振明主编。在编写过程中，参考了有关教材、手册等资料，并得到了众多同志的支持和帮助，在此一并表示衷心的感谢。

由于编者水平有限，书中不足或疏漏之处恳请读者批评指正。

编　者

目　　录

第 1 章　机电设备安装工程概述

1.1　机电设备安装的任务和准备工作

1.1.1　机电设备安装的任务

机电设备的安装就是准确、牢固地把机电设备安装到预定的空间位置上，经过检测、调整和试运转，使各项技术指标达到规定的标准。

机电设备安装质量的好坏，不仅影响产品的产量和质量，而且会直接影响设备自身的使用寿命，所以整个安装过程必须对每个环节严格把关，以确保安装质量。

1.1.2　机电设备安装的一般过程

尽管各种机电设备的结构、性能不同，但其安装过程基本上是一样的，即一般都必须经过：基础的验收，安装前周密的物质和技术准备，设备的吊装、检测和调整，基础的二次灌浆及养护，试运转，然后才能投入生产。所不同的是，在这些工序中，对各种不同的机电设备将采用不同的方法。例如在安装过程中，对大型设备采用分体安装法，而对小型设备则采取整体安装法。

1.1.3　机电设备安装的准备工作

1. 成立组织机构和技术准备

（1）成立组织机构。在进行一项大型设备的安装之前，应根据当时的情况，结合具体条件成立适当的组织机构。例如，在施工的管理上，成立联合办公室、质量检查组，设工地代表等；在安装工作中，成立材料组、吊运组、安装组等，以使安装工作有计划有步骤地进行，并且分工明确，紧密协作。

机电设备安装过程中，根据施工作业内容的不同，需要各工种协同作业，如铆工、电焊工、气焊工、起重工、操作工、油漆工、电工、驾驶员、钳工及其他专业工作人员等。

（2）技术准备。

① 准备好所用的技术资料，如施工图、设备图、说明书、工艺卡和操作规程等。

② 熟悉技术资料，领会设计意图，若发现图样中的错误和不合理之处要及时提出并加以解决。

③ 了解设备的结构、特点和与其他设备之间的关系，确定安装步骤和操作方法。

2．工具和材料的准备

（1）工具的准备。根据图样和设备的安装要求，便可知道需要哪些特殊工具及其精度和规格；一般工具，如扳手、锉刀、手锤等的需要量、品种、规格；还需要哪些起重运输工具、检验和测量工具等。不但要准备好工具，而且要认真地进行检查，以免在安装过程中工具不能使用或发生安全事故。

（2）材料的准备。安装时所用的材料（如垫铁、棉纱、布头、煤油、润滑油等）也要事先准备好。对于材料的计划与使用，应当既要保证安装质量与进度，又要注意降低成本，不能有浪费现象。

1.2　机电设备安装工程测量、测试基础

1.2.1　常用测量工具及测量方法

1．钢直尺

钢直尺是用来测量直线尺寸（如长、宽、高）和距离的一种量具，如图 1-1 所示。钢直尺用薄的不锈钢板制成，其规格有 150mm，300mm，500mm，1000mm，1500mm，2000mm 六种。

使用钢直尺测量时，必须使钢直尺的零线和被测量工件的边缘相重合。如果零线模糊不清或有损坏，可以改用 10mm 刻度线作为起点。读数时，视线必须和钢直尺的尺面相垂直，否则，将因视线歪斜而造成读数误差。

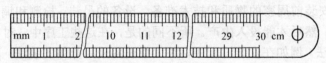

图 1-1　钢直尺

2．塞尺

塞尺是用来检验两结合面之间间隙的一种精密量具。它由一些不同厚度的薄钢片组成，每一片上都标有厚度，如图 1-2 所示。

使用时，要将塞尺表面和要测量的间隙内部清理干净，选择适当厚度的塞尺插入间隙内进行测量，用力不要过大，松紧要适宜，如果没有合适厚度的塞片，可同时组合几片（一般不超过三片）来测量，根据插入塞尺的厚度即可得出间隙的大小。

3．铸铁平尺

铸铁平尺（通称平尺）用于检验工件的直线度和平面度。

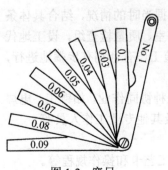

图 1-2　塞尺

检验方法有光隙法、直线偏差法和斑点法。

　　常用的铸铁平尺有Ⅰ字形、Ⅱ字形平尺和桥形平尺两种。Ⅰ字形、Ⅱ字形平尺用于检验狭长导轨平面的直线度，亦可作为过桥来检验两导轨平面的平行度；桥形平尺不仅可检查狭长导轨平面的直线度，而且可作为刮削狭长导轨面时涂色研点的基准研具。

　　各种铸铁平尺的规格尺寸见表 1-1。

表 1-1　各种铸铁平尺的规格尺寸（GB/T 24760—2009）　　　　　单位：mm

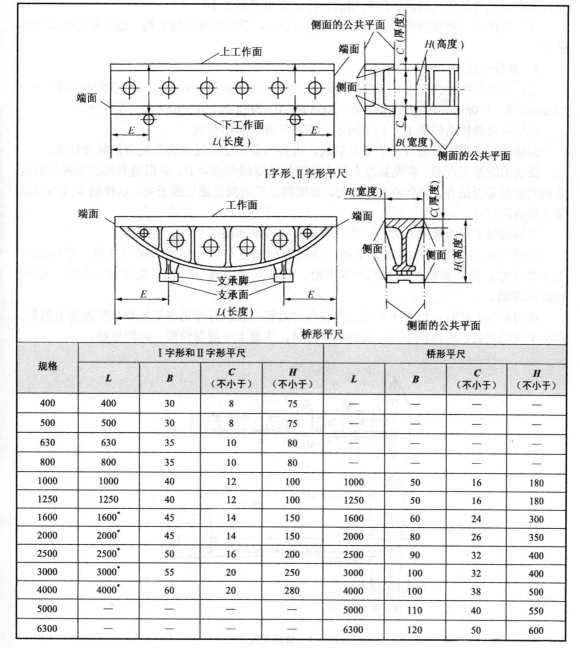

Ⅰ字形、Ⅱ字形平尺

桥形平尺

规格	Ⅰ字形和Ⅱ字形平尺				桥形平尺			
	L	B	C（不小于）	H（不小于）	L	B	C（不小于）	H（不小于）
400	400	30	8	75	—	—	—	—
500	500	30	8	75	—	—	—	—
630	630	35	10	80	—	—	—	—
800	800	35	10	80	—	—	—	—
1000	1000	40	12	100	1000	50	16	180
1250	1250	40	12	100	1250	50	16	180
1600	1600*	45	14	150	1600	60	24	300
2000	2000*	45	14	150	2000	80	26	350
2500	2500*	50	16	200	2500	90	32	400
3000	3000*	55	20	250	3000	100	32	400
4000	4000*	60	20	280	4000	100	38	500
5000	—	—	—	—	5000	110	40	550
6300	—	—	—	—	6300	120	50	600

　　注：1. 平尺长度为带*号的尺寸时，建议制成Ⅱ字形截面的结构。

　　　　2. 图中 E 为最佳支承距离，$E = \dfrac{2}{9}L$。由此确定平尺被检验时的标准支承位置。

4．90°角尺

90°角尺是用来测量工件上的直角或在装配中检查零件间相互垂直情况的量具，也可以用来画线。

90°角尺由长边和短边构成，长边的前后面为测量面，短边的上下面为基面。测量时，将90°角尺的一个基面靠在工件的基准面上，使一个测量面慢慢地靠向工件的被测表面，根据透光间隙的大小，来判断工件两邻面间的垂直情况。如果想知道误差的具体数值，可用塞尺测量出工件与角尺基面间的间隙后，计算出角度的大小。

90°角尺是一种精密量具，使用时要特别小心，不要使角尺的尖端、边缘和工作表面相磕碰。

5．游标卡尺

游标卡尺是用于测量工件长度、宽度、深度和内外径的一种精密量具，其测量范围有0～125mm，0～150mm，0～200mm，0～300mm，0～500mm，0～1000mm等六种。

游标卡尺的构造如图1-3（a）所示，它由尺身和游标组成。

游标卡尺用膨胀系数较小的钢材制成，内外测量爪要经过淬火与充分的时效处理。

在使用游标卡尺前，首先要检查尺身与游标的零线是否对齐，并用透光法检查内外测量爪的测量面是否贴合。如有透光不均匀，说明测量爪的测量面已经磨损，这样的卡尺不能测量出精确的尺寸。

使用游标卡尺测量工件外径、内径和深度的方法如图1-3（b）所示。

测量时将工件放在两测量爪中间，通过游标刻度与尺身刻度的相对位置，便可读出工件的尺寸。当需要使游标做微动调节时，先拧动紧固螺钉，然后旋转微动装置，就可使游标微动。

使用游标卡尺时，切记不可在工件转动时进行测量，亦不可在毛坯和粗糙表面上测量。游标卡尺用完后，应擦拭干净，长时间不用时，应涂上一层薄油脂，以防生锈。

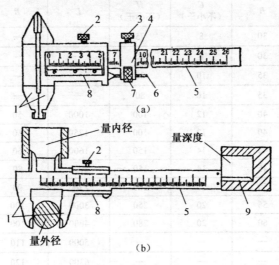

图1-3　游标卡尺

1—内外测量爪；2，3—紧固螺钉；4—滑块；5—尺身；6—螺杆；7—微动装置；8—游标；9—深度尺

6. 外径千分尺

外径千分尺用于测量精密工件的外形尺寸，通过它能准确读出 0.01mm，并能估计出 0.005mm。外径千分尺的构造如图 1-4 所示。

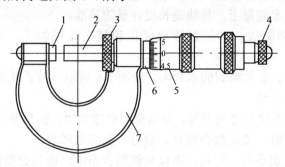

图 1-4　外径千分尺

1—测砧；2—测微螺杆；3—定位环；4—测力装置；5—微分筒；6—固定套管；7—尺架

使用外径千分尺前，应先将校对量杆置于测砧和测微螺杆之间，检查它的固定套管中心线与微分筒的零线是否重合，如不重合，应进行调整。

测量时，当两测量面接触工件后，测力装置棘轮空转，发出"轧轧"声时，才可读出尺寸。如果由于条件限制，不能在测量工件时读出尺寸，可以旋紧止动环，取下外径千分尺后读出尺寸。

使用外径千分尺时，不得强行转动微分筒，要尽量使用测力装置；千万不要把外径千分尺先固定好再用力向工件上卡，这样会损伤测量表面或弄弯测微螺杆。用完后，要擦净再放入盒内，并定期检查校验，以保证精度。

7. 百分表

百分表用于测量工件的各种几何形状误差和相互位置的正确性，并可借助于量块对零件的尺寸进行比较测量，其优点是准确、可靠、方便。

百分表的测量范围有 0～3mm，0～5mm 和 0～10mm 等三种，分度值为 0.01mm，精度等级有 0 级和 1 级。

常见的百分表构造如图 1-5 所示。量杆的下端有测量头。测量时，当测量头触及零件的被测表面后，量杆能上下移动。量杆每移动 1mm，主指针转动一周。表盘圆周分成 100 等份，每等份为 0.01mm，即主指针每摆动一格时，量杆移动 0.01mm，所以百分表的测量精度为 0.01mm。

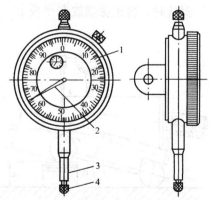

图 1-5　百分表

1—表盘；2—主指针；3—量杆；4—测量头

在使用时可将百分表装在表架上，把零件放在平板上，使百分表的测量头压到被测零件的表面，再转动刻度盘，使主指针对准零位，然后移动百分表，就可测出零件的直线度或平行度。将需要检测的轴装在 V 形架上，使百分表的测量头压到被测零件表面，用手转动轴，就可测出轴的径向跳动。

百分表不用时，应解除所有负荷，用软布把表面擦净，并在容易生锈的表面上涂一层工业凡士林，然后装入匣内。

8. 量块

量块原称块规，是极精密的量具，常用来测量精密零件或校验其他量具与仪器，也可用于调整精密机床。在技术测量上，量块是长度计量的基准。

量块由特种合金钢制成，并经过淬火硬化和精密机械加工，两个平面的精度达到0.0001～0.0005mm。

量块一般成套制作，装在特制的木盒内，如图1-6所示。为了减少量块的磨损，每套量块中都备有保护量块的护块。

测量时，为了适应不同尺寸的需要，常将量块叠接使用，但是叠接的量块越多，误差越大。因此需要叠接使用时，量块越少越好，最好不要超过四块。

叠接量块时，要特别小心。否则，不仅量块贴合不牢，而且会很快磨损。

测量完毕后，应立即拆开量块，洗擦干净，涂上防护油，放在木盒的格子内。

9. 正弦规

正弦规用于检验精密工件和量规的角度。在机床上加工带角度的零件时，也可用其进行精密定位。不过，正弦规的测量结果，还须通过计算得出。

正弦规由精密的钢质长方体和两个精密圆柱体组成，如图1-7所示。两个圆柱体的直径相等，其中心连线与长方体的平面互相平行。

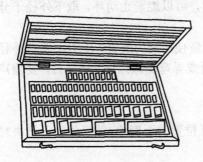

图1-6　量块

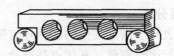

图1-7　正弦规

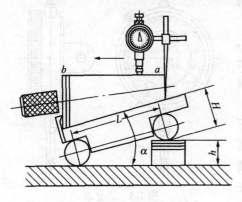

图1-8　正弦规的使用方法

测量时，将正弦规放在平板上。圆柱的一端用量块组垫高（图1-8），然后用百分表检验。当工件表面和平板平行后，可根据量块组的高度尺寸和正弦规的中心距，用下式来计算测量的角度：

$$\sin\alpha = h/L$$

式中　α——工件的锥度（单位：°）；

　　　h——量块的高度（单位：mm）；

　　　L——正弦规的中心距（单位：mm）。

【例1-1】　已知 h 为5mm，L 为100mm，求 α。

【解】$\sin\alpha = h/L = 5/100 = 0.05$

查三角函数表可知

$$\alpha = 2°52'$$

此外，正弦规还可用来测量内锥体、外锥体的大小端直径和校正水平仪等。

10．水平仪

水平仪是检验平面对水平或垂直位置偏差的仪器，主要用于检查零件平面的平面度、机件相互位置的平行度和设备安装的相对水平位置等。

（1）水平仪的种类。机械设备安装工作中常用的水平仪有条式和框式两种，其构造如图 1-9 所示。

① 条式水平仪。它由 V 形的工作底面和与工作底面平行的水准器（即气泡）两部分组成。当水准器的底平面准确地处于水平位置时，水准器的气泡正好处于中间位置。当被测平面稍有倾斜时，水准器的气泡就向高的一方移动，在水准器的刻度上可读出两端高低相差值。刻度值为 0.02mm/m 的条式水平仪，即表示气泡每移动一格时，被测长度为 1m 的两端上，高低相差 0.02mm。

② 框式水平仪。它有四个相互垂直的都是工作面的平面，并有纵向、横向两个水准器。因此，它除了具有条式水平仪的功能外，还能检验机件的垂直度。常用框式水平仪的刻度值为 0.02mm/m 和 0.05mm/m。

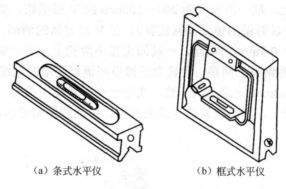

（a）条式水平仪　　　　　　（b）框式水平仪

图 1-9　水平仪

（2）水平仪的技术规格。水平仪按刻度值可分为三组，见表 1-2。每组用于测量不同的直线斜度或角度。

表 1-2　水平仪的组别及刻度值（GB/T 16455—2008）

组　　别	Ⅰ	Ⅱ	Ⅲ
刻度值（mm/m）	0.02	0.03～0.05	0.06～0.15
规格系列尺寸（mm）	100，150，200，250，300		

（3）水平仪的使用方法。测量前，须将被测量表面与水平仪工作表面擦干净，以免测量不准或损坏工作表面。

测量机床导轨的水平度时，一般将水平仪在起端位置时的读数作为零位，然后依次移动水平仪，记下每一位置的读数。根据水准器中的气泡移动方向与水平仪的移动方向来评定被检查导轨面的倾斜方向。如方向一致，读数为正值，它表示导轨平面向上倾斜；如方向相反，则读数为负值，表示导轨平面向下倾斜。

为了准确起见，找水平时，可将水平仪在被测量面上原地旋转 180°，再测量一次，利用两次读数的结果进行计算而得出测量的数据。具体计算方法见表 1-3。

表 1-3　水平仪测量数据的计算方法

	水平仪读数			
	例 1	例 2	例 3	例 4
第一次测量	0	0	x_1	x_1
第二次测量 （转 180° 后）	0	x_2	x_2 （方向与 x_1 相反）	x_2 （方向与 x_1 相同）
a—被测表面水平仪偏差 b—水平仪误差	$a=b=0$	$a=\dfrac{1}{2}x_2$ $b=\dfrac{1}{2}x_2$ $a=b$	$a=\dfrac{x_1-x_2}{2}$ $b=\dfrac{x_1+x_2}{2}$	$a=\dfrac{x_1+x_2}{2}$ $b=\dfrac{x_1-x_2}{2}$

11．读数显微镜

读数显微镜是与拉钢丝相配合来测量机床 V 形导轨在水平面内的直线度的，如图 1-10 所示。

在床身 V 形导轨上，放一块长度为 200～500mm 的 V 形垫铁，垫铁上安装一个带有刻度的读数显微镜（读数显微镜的镜头垂直放置）。在 V 形导轨的两端，各固定一个小滑轮，用一根直径等于或小于 0.3mm 的钢丝，一端固定在小滑轮上，另一端用重锤吊着（或两端都吊着重锤），然后调整钢丝的两端，使读数显微镜在钢丝两端时刻线相重合。移动 V 形垫铁，每隔 200mm 或 500mm 记录一次读数，在导轨全部长度上检验。把读数显微镜的测量数值依次排列在坐标纸上，画出垫铁的运动曲线图。由曲线图可看出机床 V 形导轨在水平面内的直线度。

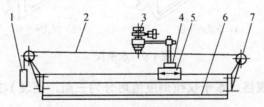

图 1-10　读数显微镜的使用方法

1—重锤；2—钢丝；3—读数显微镜；4—支架；5—V 形垫铁；6—床身导轨；7—滑轮及支架

测量时应注意以下要求：

（1）所有钢丝不得有打结、弯曲等不直现象；

（2）检查机床导轨精度用的优质钢丝的直径不得超过 0.3mm，一般拉线的钢丝直径不超过 1mm；

（3）拉钢丝时，应有足够的拉紧力，一般应为线材极限强度的 30%～80%。

12．水准仪

在设备安装中，常用水准仪对设备基础（或垫铁）的标高进行测定。水准仪的主要结构如图 1-11 所示。

（1）水准仪的主要部件。

① 制动扳手。可固定望远镜在水平方向的转动。

② 微动螺旋。当制动扳手扳紧后，可转动微动螺旋，使望远镜在水平方向进行微小转动。

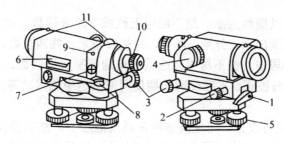

图 1-11　水准仪

1—制动扳手；2—微动螺旋；3—微倾螺旋；4—对光螺旋；5—地脚螺柱；6—长水准管；7—校正螺丝；

8—圆水准器；9—长气泡观察孔；10—目镜；11—瞄准器

③ 微倾螺旋。可使望远镜和长水准管一起在竖直方向进行微小转动，也可使望远镜的视线水平。

④ 对光螺旋。可使目标成像清晰。

⑤ 地脚螺栓。用来调节仪器水平。

⑥ 长水准管。将长气泡停在水准管的中间，调整望远镜的视线水平。

⑦ 校正螺丝。用以校正长水准管的位置。

⑧ 圆水准器。粗略调整仪器水平。当其圆气泡居中时，说明望远镜已水平。

⑨ 长气泡观察孔。即长水准管的气泡观察孔，可在观察孔内看到气泡通过棱镜折射后形成的中间剖开的两个气泡头，如图 1-12 所示。

⑩ 目镜。用来调节十字丝的成像清晰度。

⑪ 瞄准器。用来粗略瞄准目标。

（2）水准仪的使用。使用水准仪测定设备基础标高时，先把水准仪安装在三脚架上，将三脚架的顶面大致放成水平位置，并把三脚架的三个脚踩入土中（或放在混凝土的平面上），然后转动地脚螺栓，使圆水准器的圆气泡居中。

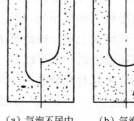

（a）气泡不居中　　（b）气泡居中

图 1-12　水准仪的气泡观察

圆气泡调平方法：首先相对地转动两个地脚螺栓，使圆气泡移到与两个地脚螺栓等距的地方，即在另一个地脚螺栓与圆水准器中心的延长线上，如图 1-13（b）所示 ［图 1-13（a）所示为调整前圆气泡的位置］；其次转动另一个地脚螺栓使圆气泡居中，如图 1-13（c）所示。

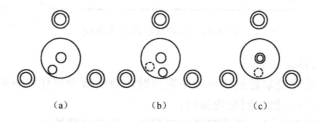

（a）　　　　　　（b）　　　　　　（c）

图 1-13　圆气泡调平方法

若一次不能使圆气泡居中，可反复 2～3 次，直至圆气泡居中。这时，仪器已粗调平。然后从长水准管的气泡观察孔看水准气泡，右手转动微倾螺旋，使气泡两端的像吻合，以达到精确调平。

（3）读数。读数应以横丝为准，绝不能用上丝或下丝来读数。由于望远镜成像是倒像，所以读数时应从上到下读出米、分米、厘米，并估读毫米，共四位数。读一位数后，还应检查长水准管气泡是否仍居中，如不居中，应重新精确调平后再读数。

（4）水准仪的检验与校正。水准仪因长期使用或搬运中的震动等，其精度将会降低，故应定期进行检验校正。

① 圆水准器的检验与校正。用地脚螺栓使圆气泡居中。然后将仪器旋转 180°，若气泡偏出了圆水准器的中心，就应对圆水准器进行校正。校正的方法是：用校正针拨动圆水准器的校正螺丝，使气泡向圆水准器中心移动偏离数值的一半，其余一半用地脚螺栓调整使气泡居中。校正应反复进行，直到满足要求为止。

② 横丝的检验与校正。仪器精确调平后，先用横丝的一端瞄准某一个明显目标，固定制动扳手，慢慢转动微动螺旋，若在望远镜中看到的目标始终沿横丝移动，则说明横丝水平，否则需校正十字丝环。校正的方法是：用小螺丝刀松开十字丝环（十字丝分划板的校正螺丝），微微转动十字丝环进行调整。

③ 长水准管的检验与校正。可用划线法校正水准仪。在施工现场选择一个长 60m 以上的墙面，仪器放在靠近墙面的中间。气泡居中后，在与仪器等距离的墙面上，分别用望远镜中的水平十字丝在墙面两头画出标高相等的 a，b 两条水平线，如图 1-14 所示。然后将仪器搬到墙的一头，离墙 3～4m，使气泡居中后，再在两头的墙面上，分别画出水平丝的位置 a'，b'（a'，b' 线要与 a，b 线画在同一竖直位置上）。如果 a'，b' 的画线都在 a，b 画线的下面或上面，并且对应画线之间的距离相等，则说明仪器是准确的，即长水准管的轴平行于望远镜的视准轴。如果不相等就要用下列方法校正长水准管：在离水准仪较远的一端墙面上，用小尺子在墙面上量一段距离 bc 使其等于靠近仪器一端墙面上的两条线之间的距离 aa'，并用红铅笔在墙上画一水平线 c（此线的标高与墙面上的另一头 a' 线的标高相等）。用微倾螺旋使仪器的水平丝对准墙面上的画线 c，此时气泡已不居中，可用校正针拨动长水准管的校正螺丝，使长气泡居中。直到 aa' 与 bb' 之差小于 3～5mm 为止。

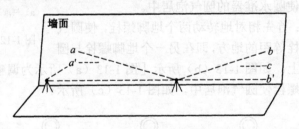

图 1-14　用划线法校正水准仪

（5）水准仪的保养。

① 水准仪使用时应轻拿轻放。从箱中取出时，要用双手握住基座部分，不准用手拎住望远镜取出。使用完毕，要放到箱内原位。

② 仪器装到三脚架上时，必须拧紧连接螺旋，以防仪器摔损。

③ 调整仪器时用力要轻。制动扳手未松开时，不能用力转动仪器或望远镜，以免损坏仪器。

④ 仪器不能在阳光下曝晒，使用完毕应用绸布擦干净（不准用手摸镜头或去污）。仪器应存放在干燥通风的场所。若长时间不用时，应定期开箱通风，调换干燥剂（硅胶），以防

镜头受损。

13. 经纬仪

在机械安装过程中，常用经纬仪对大型设备基础的纵横向十字中心线、垂直线、地面两个方向之间的水平角等进行测定。如图 1-15 所示为光学经纬仪的构造。

（1）结构。光学经纬仪主要由照准部（或视准部）、水平度盘、基座三部分构成。

① 照准部：是光学经纬仪上灵活转动的部分，有望远镜、竖盘、横轴、水准管、支架及左支架内的光学棱镜系统、读数显微系统和竖轴等部件。

望远镜用于照准目标，它与横轴固定在一起，安放在支架上，可在竖直面内绕横轴转动，由望远镜制动螺旋和水平微动螺旋来控制。只有在望远镜制动螺旋紧固后，水平微动螺旋才起作用。

竖盘是用有机玻璃制成的，它固定在横轴上，用于测定垂直角。

水准管有照准部水准管和竖盘水准管。前者用于水平度盘，使竖轴处于垂直位置；后者用于控制竖盘读数指标处于正确位置。

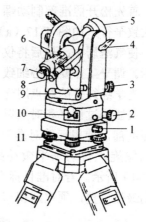

图 1-15　光学经纬仪

1—轴座固定螺旋；2—水平微动螺旋；
3—望远镜微动螺旋；
4—望远镜制动螺旋；5—物镜；
6—对光螺旋；7—目镜；
8—读数显微镜；9—水准管；
10—制动按钮；11—脚螺旋

光学棱镜系统用来将水平度盘、竖盘的分划影像反射、放大在读数窗内，以便读数。

竖轴是照准部的旋转轴，在水平度盘的轴座内，可使照准部件水平转动，由望远镜制动螺旋和水平微动螺旋控制。

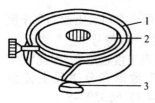

图 1-16　水平度盘

1—度盘外壳；2—度盘；3—外轴

② 水平度盘：它是一个有精密刻度、由有机玻璃制成的圆盘，安装在度盘外壳内，并可转动，如图 1-16 所示。

③ 基座：又名三角基座，它由三角轴套、三角基座螺旋（脚螺旋）和三角座垫组成。它用中心连接螺旋将仪器和三脚架结合在一起。

（2）光学经纬仪的使用方法。使用光学经纬仪测定时，首先要进行仪器的调平和对点工作，即将仪器安装在已知的测点上并调平。

光学经纬仪调平原理与水准仪相同，其操作步骤如图 1-17 所示。

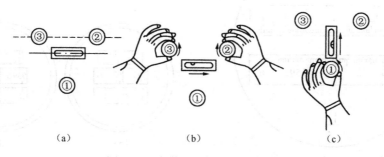

（a）　　　　　　　　　　（b）　　　　　　　　　（c）

图 1-17　光学经纬仪的调平步骤

　　首先松开照准部制动螺旋，转动照准部，使其水准管的轴线同基座螺旋②、③的中心连线大致平行，如图 1-17（a）所示；再按图 1-17（b）所示箭头方向同时转动基座螺旋②、③，使气泡居中；最后将仪器转动 90° 后，转动基座螺旋①，使气泡居中，如图 1-17（c）所示。调平工作要耐心细致，经常要反复几次才能完成。

　　光学经纬仪的对点用光学对点器或用挂在仪器上的线坠来进行，如图 1-18 所示。

　　仪器经过调平和对点以后还须进行目标瞄准。其步骤是：首先松开望远镜制动螺旋，转动照准部，使望远镜对准目标。调好对光螺旋，使目标和十字丝都比较清晰。紧固望远镜制动螺旋，转动水平微动螺旋，使目标移到十字丝的双竖丝中间或与单竖丝重合，如图 1-19 所示。若对准目标有偏离十字丝现象，则说明望远镜的对光螺旋（或目镜）还没有调到最佳位置，须重新调节对光螺旋。

图 1-18　光学经纬仪的对点

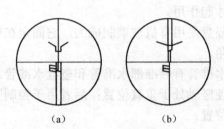

（a）　　　　　　（b）

图 1-19　十字丝对目标

　　（3）光学经纬仪的读数方法。

　　① 固定分微尺读数方法。如图 1-20 所示，在读数显微镜中有两个窗口。上面为水平度盘分微尺的读数，以符号"－"表示，下面为竖直度盘分微尺的读数，以符号"⊥"表示。

　　固定分微尺将度盘上 1° 的间格等分为 60 格，分微尺上每格相当于度盘上 1′。因此"度"的读数在度盘上读出（图 1-20 中为 268 或 359），"分""秒"数则在分微尺上读出（图 1-20 中为 15′ 或 45′），然后将两者加起来即为测点的读数（268°15′ 或 359°45′）。

　　② 活动分微尺读数方法如图 1-21 所示。图中下面的标尺是水平度盘的读数（度数），

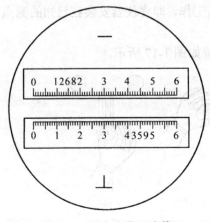

图 1-20　固定分微尺读数

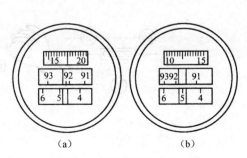

（a）　　　　　　（b）

图 1-21　活动分微尺读数方法

中间的标尺是竖直度盘的读数（度数），上面的标尺是共用的活动分微尺读数（分、秒读数），分微尺上每小格为 $20''$。读数时，先读显微镜中双竖线夹准的度盘读数（度数），再读活动分微尺上的读数（分、秒读数）。图 1-21（a）显示的竖直度盘读数为 $92°17'40''$，图 1-21（b）显示的水平度盘读数为 $5°12'$。

（4）光学经纬仪的保养。光学经纬仪的保养与水准仪的保养相同。

1.2.2　测量误差及数据处理

1. 测量误差

从长度测量的实践中知道，当测量某一被测量时，用同一台仪器，按同一测量方法，由同一测定者进行的若干次测量所获得的结果是不同的。如果用不同仪器、不同的测量方法，由不同的测定者来测量同一被测量，则这种差别将会表现得更加明显。这是由一系列不可控制的和不可避免的主观或客观因素所造成的。因此，任何一次测量中，不管测量得多么仔细，所使用的仪器多么精密，采用的测量方法多么可靠，在所获得的测量值中，不可避免的总含有一些误差。也就是说，所得到的测量值仅仅是被测量的近似值，它们之间的差异叫作测量误差，即

$$\delta = x - Q$$

式中　δ——测量误差；

x——实际测得的被测值；

Q——被测量的真正尺寸。

由于 x 可能大于或小于 Q，因此，δ 可能是正值或负值。这样，真正尺寸为

$$Q = x - \delta$$

2. 测量误差产生的原因

测量误差产生的原因也就是测量误差的组成。测量误差由以下几项误差组成：测量仪器的误差、基准件误差、测量力引起的变形误差、读数误差、温度变化引起的误差等。

（1）测量仪器的误差。它是由于测量仪器（量具）设计、制造或装配调整不准而引起的误差，如仪器中量头的直线位移与指针的角位移不成比例，仪器度盘安装偏心等。这些误差使测量仪器所指示的数值并不完全符合被测量变化的实际情况，叫作示值误差。当然这种误差是很小的，每一种仪器都规定有容许的示值误差。

（2）基准件误差。任何作为基准的东西都不可避免地存在误差。在相对测量时，基准件误差包含在测量误差内，因为在测量时，用来与被测量进行比较的基准件（如量块）误差将直接反映到测量结果中，引起测量误差。例如，在立式光学比较仪上用 2 级量块做基准调零，测量 $\phi20\,\text{mm}$ 的塞规时，仅由 2 级量块就会产生 $\pm0.6\,\mu\text{m}$ 的测量误差。在测量时，要合理地选择基准件的精度，一般来说，基准件的误差应不超过总测量误差的 $1/3\sim1/5$。

（3）测量力引起的变形误差。使用测量仪器进行接触测量时，测量力使测量仪器和工件接触部分变形而产生测量误差。特别是当量头移动的速度较快时，由于冲击而产生的动态测量力会形成较大的测量误差。因此为减少测量力的变化所造成的测量误差，在操作时要轻放测量头，并且尽可能使调零时和测量时保持一致。

一般测量仪器的测量力大多控制在 200g 之内，高精度量仪的测量力控制在几十克甚至几

克之内。为了控制测量力对测量结果的影响，测量仪器一般应具有使测量力保持恒定的装置。

（4）读数误差。它包括视差和当指示器停留在两条刻度线之间时估读的误差，这对于不同的人将会得到不同的结果，这就形成了测量结果的读数误差。

（5）温度变化引起的误差。测量时的标准温度规定为 20℃，实际上由于各种原因造成温度上的差异而引起测量误差。此测量误差可用下式表示

$$\Delta l = l(\alpha_1\Delta t_1 - \alpha_2\Delta t_2)$$

式中　　Δl——由于温度变化引起的测量误差；

　　　　l——被测量的大小；

　　　　α_1——被测件的线胀系数；

　　　　α_2——测量仪器的线胀系数；

　　　　Δt_1——标准温度与被测工件间的温度差（单位：℃）；

　　　　Δt_2——标准温度与测量仪器间的温度差（单位：℃）。

为了减小温度对精密测量的影响，除了尽量使用与工件线性膨胀系数相同的测量仪器外，测量工作最好在标准温度（20℃）下进行，并且力求被测工件温度与测量仪器温度相等。一般可把被测工件和测量仪器放在同一条件下，经过一定时间，使工件、测量仪器与周围介质的温度接近。

3．测量误差的分类

测量误差来源于各个方面，就其性质而言，可分为系统误差、随机误差和粗误差。

（1）系统误差。在一定的测量条件下，多次重复测量时，以一定的规律（或为定值，或为周期性规律等）影响着每次测量结果的误差称为系统误差。例如，量块按等级检定后的实际偏差属于系统误差，表盘安装偏心所造成的示值误差属于周期性的系统误差。

系统误差影响测量的准确性，但由于系统误差的数值和符号有明显的规律，所以用实验分析的方法加以确定。这种误差可通过在测量结果中修正或改善测量方法来消除。

（2）随机误差。测量时，对每次测量结果总有影响，但无法预知其影响的具体结果的误差称为随机误差。例如，量块按等级检定后的测量误差或按级别使用时的制造误差，量仪在测量过程中的不稳定因素（如传动机构的摩擦、间隙、测量力和温度等）所造成的误差均属随机误差。

随机误差是由许多未知规律或一时不便控制的微小因素所造成的，对于某一次具体的测量，每一个因素的出现与否，以至这些因素所产生误差的方向、大小，预先是无法知道的。总之，随机误差是在多种多样的误差因素综合影响下造成的，因而无法从测量结果中消除或校正。但是人们通过长期的反复实践认识了随机误差所特有的规律，在多次测量中，它出现的概率可用概率论和统计方法来确定，因而可通过估算来减小并控制其对测量结果的影响。

（3）粗误差。粗误差是由于测量时的疏忽大意（如读数错误、计算错误等）或环境条件的突变（冲击、震动、干扰等）造成的某些较大的误差。如在测量中出现粗误差，就要设法从测量结果中剔除不用。

上述是对测量误差类型的一个概况分析，至于某种测量误差究竟表现为哪种特性，还要根据具体条件进行分析。而且系统误差和随机误差在一定条件下又可互相转化。例如，前面提到的测量仪器的示值误差，对于一批同样的测量仪器，其示值误差是在规定的某个范围内变化的，因此属于随机误差。当选定某一台测量仪器以后，其示值误差为一定值，则随机误

差就转化为系统误差了。

在测量过程中，系统误差与随机误差是经常同时出现的，因而对系统误差总是设法加以消除，使其影响减小。

1.3 机电设备在安装位置的测试

1.3.1 机电设备在安装位置的常用测量方法

1．设备平面位置测量方法

（1）线坠校准法。拉设安装基准线并挂上线坠，在设备上放置钢板尺，检测垂线在钢板尺上的位置，以确定设备是否找正，如图 1-22 所示。有些设备底座较宽，可制作样板代替钢板尺。

（2）两线坠校准法。设备上有定位基准冲眼，在拉设的安装基准线上挂两个线坠（即两点成一线），看两垂丝与冲眼是否对准在一起，如图 1-23 所示。

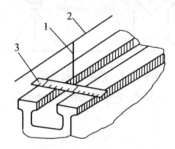

图 1-22 线坠校准法

1—线坠垂丝；2—安装基准线；3—钢板尺

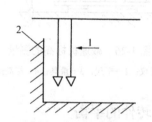

图 1-23 两线坠校准法

1—目测视线；2—设备定位基准冲眼

（3）挂边线校准法。对一些圆形机件或中心不易对准的部件组，可采用挂边线校准法，使线坠垂丝沿其边线下垂，测量垂丝距基准线的距离 L，如图 1-24 所示，则圆形机件中心至安装基准线的距离 L' 为

$$L' = L + D/2$$

检测设备平面位置时，设法平稳地移动设备，使其中心位置与基础中心位置相吻合，此操作过程称为设备拨正。常用的设备拨正方法如图 1-25 所示。

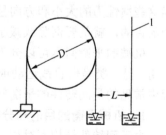

图 1-24 挂边线校准法

1—安装基准线；

L—垂丝至安装基准线的距离；

D—圆形机件的直径

2．设备标高测量方法

（1）当设备加工面是水平面时，可用加工面作为测量标高的水平面，用水平仪、平尺等量具测量出设备的安装标高，如图 1-26 所示为减速机标高的测量。

（2）当设备加工面是弧面时，可采用辅助装置测量，经计算而得标高；也可用水准仪测量标高，如图 1-27 所示。

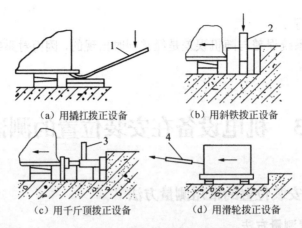

（a）用撬杠拨正设备　　　　　　（b）用斜铁拨正设备

（c）用千斤顶拨正设备　　　　　　（d）用滑轮拨正设备

图 1-25　常用的设备拨正方法

1—撬杠；2—斜铁；3—千斤顶；4—滑轮

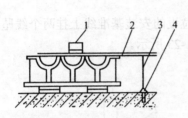

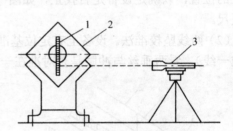

图 1-26　减速机标高的测量

1—水平仪；2—平尺；3—量具；4—标高基准点

图 1-27　水准仪测量标高

1—标尺；2—被测工件；3—水准仪

1.3.2　回转件的平衡

机械在运转过程中，运动构件所产生的惯性力将在运动副中引起附加的动压力。这种附加动压力将使机械效率、工作精度和可靠性下降，加速零件的损坏，缩短机械的使用寿命。当这些惯性力的大小和方向呈周期性变化时，会使机械和基础产生振动。因此，研究机构平衡的目的，就是要消除或减小惯性力的不良影响，这是机械工程中的重要问题。

机械的平衡问题可以分为两类：一类是做回转运动构件的惯性力平衡，也称为回转件的平衡；另一类是做直线运动或复合运动构件的惯性力平衡，也称为机构在机座上的平衡。工程中常见的是回转件的平衡问题。所以这里仅讨论回转件的平衡原理和方法。

1. 机械平衡的目的和分类

由于回转件结构不对称、制造和安装不准确或材料不均匀等原因，使其质心偏离回转轴线，当回转件转动时，将产生离心惯性力。惯性力的大小与转动角速度的平方成正比。例如，一个质量为 10kg，质心偏离回转轴心距离 $e = 1mm$ 的回转件，当转速 $n = 30r/min$ 时，其离心惯性力为

$$F = me\omega^2 = 10 \times 0.001 (\pi \times 30/30)^2 \approx 0.1 (N)$$

离心惯性力很小，可以略去不计。但当转速 $n = 3000r/min$ 时，其离心惯性力为

$$F = me\omega^2 = 10 \times 0.001 (\pi \times 3000/30)^2 \approx 987 (N)$$

离心惯性力约为回转件质量的 10 倍，不可忽视。所以在高速、重载、精密的机械中，离心

惯性力的平衡是很重要的。

回转件的不平衡就是指由于其质量分布不均匀而产生的离心惯性力的不平衡。根据回转件不平衡质量的分布情况，回转件平衡问题可分为静平衡和动平衡。

（1）静平衡。质量分布在同一回转平面内的平衡问题。

如图 1-28（a）所示为轴向宽度不大的回转件（宽度与直径之比 $B/D \leqslant 0.2$）。如齿轮、带轮、飞轮等，可以认为其质量分布在同一回转平面内，这类回转件的平衡问题属于静平衡。

如图 1-28（b）所示，假设在同一回转平面内有不平衡质量 m_1，m_2 和 m_3，其质心向径为 r_1，r_2 和 r_3。当回转件以等角速度 ω 回转时，各不平衡质量所产生的惯性力分别为

$$F_1 = m_1\omega^2 r_1$$
$$F_2 = m_2\omega^2 r_2$$
$$F_3 = m_3\omega^2 r_3$$

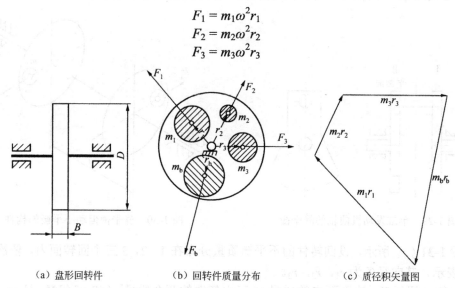

（a）盘形回转件　　　　（b）回转件质量分布　　　　（c）质径积矢量图

图 1-28　用图解法求平衡质量的质径积

欲使其平衡，可在同一回转平面内加一个平衡质量 m_b，使 m_b 产生的离心惯性力（$F_b = m_b\omega^2 r_b$）与原有离心惯性力的合力平衡，即

$$F_1 + F_2 + F_3 + F_b = 0$$

或

$$m_1\omega^2 r_1 + m_2\omega^2 r_2 + m_3\omega^2 r_3 + m_b\omega^2 r_b = 0$$

消去 ω^2 后得

$$m_1 r_1 + m_2 r_2 + m_3 r_3 + m_b r_b = 0$$

式中　$m_1 r_1$，…，$m_b r_b$——质量与向径的乘积（mr）称为质径积。

平衡质量 m_b 的质径积 $m_b r_b$，可用矢量图解法求得，如图 1-28（c）所示。

上面两式表明：回转件平衡后，其质心与回转轴线重合，回转件可在任意位置保持静止而不会自行转动。因此静平衡的条件是：回转件上各质量的离心惯性力的向量和等于零或质径积的向量和等于零。

有时由于实际结构的原因，不能在所需平衡的回转面上加平衡质量，如图 1-29 所示的单缸发动机曲轴，因结构限制不能在轴颈另一侧加上平衡质量，可改在两侧平面（Ⅰ，Ⅱ）

内分别加一平衡质量。

（2）动平衡。质量分布不在同一回转平面内的平衡问题。对于轴向宽度较大的回转件（宽度与直径之比 $B/D > 0.2$），如多缸发动机、电动机转子和机床主轴等，这些构件的质量分布不在同一回转平面内，但可看作是分布在垂直于回转轴线的若干互相平行的回转平面内。

如图 1-30 所示的回转体，两个不平衡质量 $m_1 = m_2$，向径 $r_1 = -r_2$。虽然总质心在回转轴线上，满足静平衡条件 $m_1r_1 + m_2r_2 = 0$。但由于两个不平衡质量不在同一回转平面内，离心惯性力 F_1 与 F_2 形成的惯性力偶使回转件仍处于不平衡状态。这种状态只有在回转件转动时才显示出来。如果回转件的质心不在旋转轴线上，则既有不平衡的惯性力，又有不平衡的惯性力偶。这种包含惯性力和惯性力偶的不平衡称为动不平衡。因此，回转件动平衡的条件是回转件上各个质量的离心惯性力的向量和等于零，同时离心惯性力偶矩的向量和也等于零。

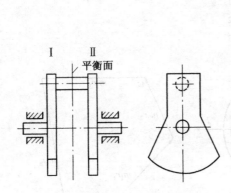

图 1-29　单缸发动机曲轴的静平衡

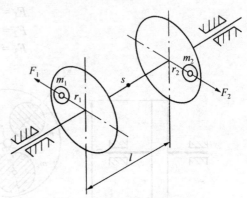

图 1-30　静平衡但动不平衡的构件

如图 1-31（a）所示，设回转件的不平衡质量分布在 1，2，3 三个回转面内，依次以 m_1，m_2，m_3 表示，其向径各为 r_1，r_2，r_3。

按力的分解原理，某平面内的质量 m_i 可由任选的两个质量 m_i' 和 m_i'' 代替，且 m_i' 和 m_i'' 处于回转轴线与 m_i 的质心组成的平面内。现将平面 1，2，3 内的质量 m_1，m_2，m_3 分别用任选的两个回转面 T' 和 T'' 内的质量 m_1'，m_2'，m_3' 和 m_1''，m_2''，m_3'' 来代替，则

$$m_1' = (l_1''/l)\,m_1 \qquad\qquad m_1'' = (l_1'/l)\,m_1$$
$$m_2' = (l_2''/l)\,m_2 \qquad\qquad m_2'' = (l_2'/l)\,m_2$$
$$m_3' = (l_3''/l)\,m_3 \qquad\qquad m_3'' = (l_3'/l)\,m_3$$

因此，上述回转件的不平衡质量可以认为完全集中在 T' 和 T'' 两个回转面内。对于回转面 T'，其平衡方程为

$$m_b'r_b' + m_1'r_1 + m_2'r_2 + m_3'r_3 = 0$$

做矢量图，如图 1-31（b）所示，由此求出质径积 $m_b'r_b'$，选定 r_b' 后即可确定 m_b'。同理，对于回转面 T''，其平衡方程为

$$m_b''r_b'' + m_1''r_1 + m_2''r_2 + m_3''r_3 = 0$$

做矢量图，如图 1-31（c）所示，由此求出质径积 $m_b''r_b''$，选定 r_b'' 后即可确定 m_b''。

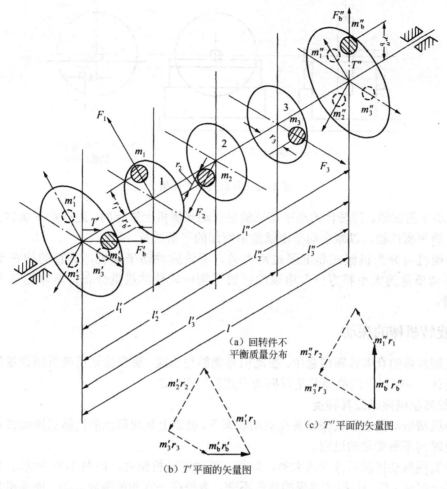

(a) 回转件不平衡质量分布

(b) T′平面的矢量图

(c) T″平面的矢量图

图 1-31　不同回转面内质量的平衡

由上述分析可知，对质量分布不在同一回转面内的回转件，即使是质量分布在多个互相平行的回转面内，都可以分别把各不平衡质量分解到任选的两个平衡平面上，然后再在这两个平衡平面上，分别加上（或减去）平衡质量，使整个回转件达到动平衡。

显然，由于动平衡同时满足了静平衡条件，因此，达到了动平衡的回转件一定是静平衡的。

2. 回转件平衡试验

在实际工程中，经过平衡计算的回转件，由于制造、安装的误差和材料的不均匀等原因，仍然会存在不平衡，因此，还必须进行平衡试验。

（1）静平衡试验。静平衡试验通常在静平衡架上进行。如图 1-32（a）所示为导轨式静平衡架示意图，其主要组成部分为水平安装的两条相互平行的刀口形导轨。试验时，将回转件的轴放在导轨上。如果质心 C 不处在铅垂线下方，如图 1-32（b）所示，则转子将在重力矩 $M = Gh$（G：重力，h：重心的水平方向偏心距）的作用下沿轨道滚动，直到质心 C 转到铅垂线下方时转子才会停止滚动。用橡皮泥或其他方法，在质心的相反方向加一适当的平衡质量，并逐步调整其大小或径向位置，如此反复试验，直到该回转件在任意位置都能保持静止不动为止。然后取下橡皮泥，将质量与其相等的金属焊接在平衡质量的位置，或在相反方向去掉相等质量的一块材料，使其成为静平衡的回转件。

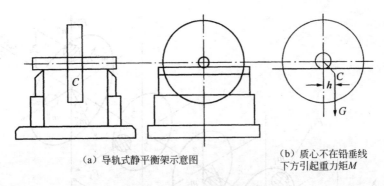

| （a）导轨式静平衡架示意图 | （b）质心不在铅垂线下方引起重力矩M |

图 1-32　导轨式静平衡架

（2）动平衡试验。回转件的动平衡试验是在动平衡机上进行的。进行动平衡试验时，常常先经过静平衡试验，以减小动平衡试验中所加的平衡质量。

动平衡机可分为机械式和电测式两大类。不论哪种动平衡机，其目的均在于测定回转件不平衡质量的大小和方位，用以改善被平衡回转件的质量分布，具体测量方法参阅有关书籍。

1.3.3　旋转机械的振动

在机械故障的众多诊断信息中，振动信号能够更迅速、更直接地反映机械设备的运行状态，据统计，70%以上的故障都是以振动形式表现出来的。

1. 旋转机械振动及其种类

旋转机械振动是表示机械设备在运动状态下，机器上某观测点的位移量围绕其均值或相对基准随时间不断变化的过程。

旋转机械振动情况可分为两大类，即稳态振动和随机振动，如图 1-33 所示。稳态振动是指在某一时间 t 后，其振动波形的均值不变，方差在一定的范围内波动；而随机振动是指信号的均值和方差都是时间函数。

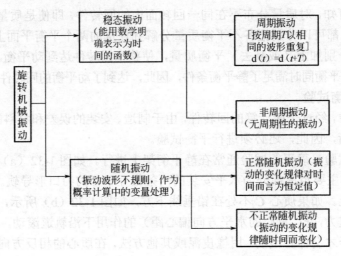

图 1-33　旋转机械振动的种类和特征

2．简谐振动及其性质

简谐振动是最基本的周期振动,各种不同的周期振动都可以用无穷个不同频率的简谐振动的组合来表示。

简谐运动的运动规律可用简谐函数表示,即质点的运动规律为

$$y = A\sin\left[(2\pi/T)\,t + \varphi\right] = A\sin(2\pi ft + \varphi) = A\sin(\omega t + \varphi)$$

式中　　y——质点位移;

t——时间;

f——振动频率;

A——位移的最大值,称为振幅;

T——振动周期,为振动频率 f 的倒数;

ω——振动角频率;

φ——初始相位角。

对应于该简谐振动的速度 v 和加速度 a 分别为

$$v = \mathrm{d}y/\mathrm{d}t = \omega A\cos(2\pi ft + \varphi)$$

$$a = \mathrm{d}v/\mathrm{d}t = -\omega^2 A\sin(2\pi ft + \varphi) = -\omega^2 y$$

比较上面两式可见,速度的最大值比位移的最大值超前 90°,加速度的最大值比位移的最大值超前 180°。

3．周期振动及其性质

波形按周期 T 重复相同的图像,即 $y(t) = y(t + Nt)$ $(n = 0,\ 1,\ 2,\ \cdots)$ 成立时,称为周期振动。旋转机械按固定的转速运动,由于随机干扰,也伴随着许多随机振动信息,所以,旋转机械的振动过程是一个以周期振动为主的随机过程。

根据函数的傅立叶级数展开定理,周期函数可以展开为傅立叶级数,即

$$y(t) = a_0/2 + \sum_{n=1}^{\infty}(a_n\cos n\omega t + b_n\sin n\omega t)$$

由上式可知,任何周期振动都可以看作是由简谐振动叠加而成的,进一步简化可写成

$$y(t) = A_0 + A_1\sin(\omega t + \varphi_1) + A_2\sin(2\omega t + \varphi_2) + \cdots + A_n\sin(n\omega t + \varphi_n)$$

式中第一项 A_0 为均值或直流分量,第二项 A_1 为基本振动或基波振幅,第三项 A_2 以后总称为高次谐波振动振幅。如果系统中有随机振动成分,上式中某项的 A_i、ω_i、φ_i 都是随机变化的,由于旋转振动时具有上述特性,故要用频谱分析方法进行研究。

4．时域-频域分析

时域和频域是对同一给定信号从两个不同的角度去观察的简称,如图 1-34 所示。在时域中,幅值时间是分别用垂直轴和水平轴表示的二维图。在频域中,是从时域端头看的,幅值仍旧是垂直轴,但水平轴表示频率。这表明对于时域信号无论是正弦波还是复合波,两者是没有差异的,因为后者可以用一系列正弦波表示。所以在幅值和周期或频率已知的条件下,是很容易从一个域转换到另一个域的。简单地说,它们好像是从两个相对位置成 90° 的窗口分别观察一个信号。至于哪一个窗口好,则取决于测量的目的和探测的对象。

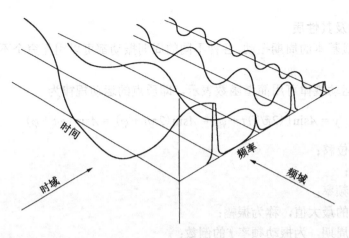

图 1-34　时域–频域

5．转子的临界转速

旋转机械在升、降速过程中，往往在某个（或某几个）转速下出现振动急剧增大的现象，有时甚至在工作转速下振动也比较强烈。其振动原因往往是由于转子系统处于临界转速附近而产生共振。

在无阻尼的情况下，转子的临界转速等于其横向固有频率，因此转子的临界转速个数与转子的自由度相等。对实际转子来说，理论上有无穷多个临界转速，但由于转子的转速限制，往往只能遇到数个临界转速。

在有阻尼的情况下，转子临界转速略高于其横向固有频率。

根据转子的工作转速 n 与其第一阶临界转速 n_{cr1} 间的关系，可划分为

$$n < 0.5n_{cr1} \qquad 刚性转子$$
$$0.5n_{cr1} \leqslant n < 0.7n_{cr1} \qquad 准刚性转子$$
$$n > 0.7n_{cr1} \qquad 挠性转子$$

刚性转子与挠性转子的动力学特性有很大不同，这对于动平衡来说十分重要。

1.4　机电设备安装工程中的起重搬运

1.4.1　常用起重、运输方法

机电设备常用的起重方法有千斤顶、手摇绞车、自行式起重机、桥式起重机、桅杆式起重机起重和气顶、水顶起重等方法。

机电设备常用的运输方法有拖排搬运、滚杠搬运、滑台搬运等。

1.4.2　常用起重机械

机电设备安装工程中常用的起重搬运机械分为：索具、吊具、水平运输工具等几类。

1．千斤顶

千斤顶是一种用较小的力即可使重物升高或降低的起重机械。由于其结构简单、使用方

便，所以在设备安装工作中得到了广泛应用。

千斤顶分为三种类型：液压千斤顶、螺旋千斤顶和齿条千斤顶。前两种应用最广。

（1）液压千斤顶。液压千斤顶是利用液压泵将液体（如变压器油）压入油缸内，推动活塞将重物顶起的。安装工作中常用的是 YQ 型液压千斤顶（图 1-35），它是一种手动式千斤顶，效率高，质量小，搬运、使用均很方便。

（2）螺旋千斤顶。螺旋千斤顶是通过转动螺杆使重物升降的，它分为固定式和移动式两种。常用的是 Q 型螺旋千斤顶。这种千斤顶结构紧凑、轻巧，效率高，操作灵活、方便。

（3）齿条千斤顶。齿条千斤顶是通过手柄转动齿轮，带动齿条上下移动而使重物升起或降落的。为了保证在顶起重物时能制动，在千斤顶的手柄上装有制动齿轮。

2．手摇绞车

手摇绞车由若干对（根据牵引力而定）用手柄传动的圆柱

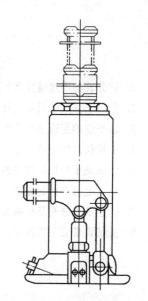

图 1-35　YQ 型液压千斤顶

齿轮和一个缠绕钢丝绳用的卷筒组成。每一辆手摇绞车都装有制动器，以便在落重时将卷筒制动，或当工人忽然放开手柄时立即使卷筒停止。手摇绞车的构造如图 1-36 所示。

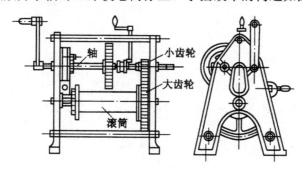

图 1-36　手摇绞车

3．自行式起重机

自行式起重机具有独立的动力装置，能原地回旋 360°，而且不需铺设轨道，机动灵活性大，调动方便，能在整个施工场地和车间内承担大部分起重工作，所以在安装工程中经常使用。常用的自行式起重机有：汽车式起重机、轮胎式起重机、履带式起重机。

（1）汽车式起重机。汽车式起重机是装在标准的或特制的汽车底盘上的起重设备，它多用于露天装卸各种设备与物料。

（2）轮胎式起重机。轮胎式起重机是装在特制的轮胎底盘上的起重设备，它主要用于建筑工程中。

（3）履带式起重机。履带式起重机操作灵活，使用方便，在一般平整坚实的道路上即可行驶和工作，它是安装工程中的重要起重设备。

复习思考题 1

1. 百分表的用途是什么？测量范围有哪几种？怎样使用？
2. 外径千分尺的用途是什么？如何使用？
3. 水平仪的用途是什么？它分为哪两种？使用时有哪些注意事项？
4. 水准仪的用途是什么？如何使用？
5. 什么是千斤顶？常用的千斤顶有哪几种？
6. 什么是自行式起重机？常用的自行式起重机有哪几种？
7. 简述量具分类及机械设备安装施工中常用的量具。
8. 机械设备安装工程中，设备搬运的方法有哪些？

第2章 机电设备安装的基本工艺过程

2.1 机电设备安装前的准备工作

设备安装前的主要工作是设备的开箱、清点和保管。

1. 开箱

设备出厂时，一般是放在包装箱内运至安装地点的。开箱时应注意使用合适的工具（如起钉器、撬杠等），不要用力过猛，以免碰坏箱内的设备。拆下的箱板、毡纸、箱钉等，应立即搬开并予以妥善保管，以免板上的铁钉划伤设备或人。

对于装小零件的箱，可只拆去箱盖，等零件清点完毕后，仍将零件放回箱内，以便于保管；对于较大的箱，可将箱盖和箱侧壁拆去，设备仍置于箱底上，这样可防止设备受震并起保护作用。

2. 清点

安装前，要和另一方一起进行设备的清点和检查。清点后应做好记录，并且双方人员要签字。设备的清查工作主要有以下几项：

（1）设备表面及包装情况；

（2）设备装箱单、出厂检验单等技术文件；

（3）根据装箱单清点全部零件及附件（若无装箱单，应按技术文件进行清点）；

（4）各零件和部件有无缺陷、损坏、变形或锈蚀等现象；

（5）机件各部分尺寸是否与图样要求相符（如地脚螺栓孔的大小和距离等）。

3. 保管

设备清点后，交由安装部门保管。保管时应注意以下几点：

（1）设备开箱后，应注意保管、防护，不要乱放，以免损伤；

（2）装在箱内的易碎物品和易丢失的小机件、小零件，在开箱检查的同时要取出来，编号并妥善保管，以免混淆或丢失；

（3）如堆放在一起时，应把后安装的零部件放在里面或下面，先安装的放在外面或上面，以便在安装时能按顺序拿取，不损坏机件；

（4）如果设备不能很快安装，应把所有精加工面重新涂油，采取保护措施。

2.2 基础放线与机电设备的就位

2.2.1 机电设备的工艺布局

设备工艺布局是按生产工艺的要求，合理地布置设备和生产线。

1. 工艺布置图

对整个车间而言，工艺布局应该有一个总体的周密计划。一般的方法是按同一个比例，根据每个设备的形状和大小，剪出设备的纸样，然后在车间平面图上进行布置。考虑到生产中的情况，周密地比较各方案的优/缺点，选定最理想的方案作为车间的平面工艺布置图。

2. 工艺布置图上应标出的内容

（1）各设备的位置，包括设备凸出部分及最大轮廓的尺寸和工人的工作位置。

（2）辅助设备，如平台、工作台、工具箱等的安放地点，零部件的检修地点等。

（3）必要时还应考虑维修时用来起吊设备的临时起重架所需要的空间和高度，如吊车、升降机、运输小车、传送带、提升机、轨道等起重和运输设备。

（4）车道、通道、地下室、地道（各种管道）及成品和半成品的堆放场所。

（5）有隔墙时要注明隔墙的性质，如木板的或防火的隔墙等。

（6）厂房的主要尺寸，如长度、宽度、柱间距等。

（7）是否有冷却系统、蒸汽系统、压缩空气系统，是否有采暖、通风、吸尘设备。

3. 考虑工艺的布置原则

（1）直线流动。布置的主要原则是使加工过程中制品或零件保持直线流动，其流动的路程尽可能得短，应尽量避免逆向流动，以缩短运输时间。

（2）适当的间距。设备与设备、设备与建筑物之间均须留有一定的间距，使操作方便，生产安全，同时充分利用车间的面积。

4. 机械加工车间内机床的布置方法

布置机床时应首先确定机床的排列方式，按机床类型布置还是按流水作业布置，是按背靠背的排列还是按横向或纵向排列，然后按各种排列方式的规定，从有关资料（表2-1和表2-2）中选取机床之间的最小净空尺寸。

机床与墙柱之间的最小距离也是有规定的，可从有关资料（表2-3）中查取。

表 2-1 机床背靠背排列的最小间距　　　　　　　　　单位：mm

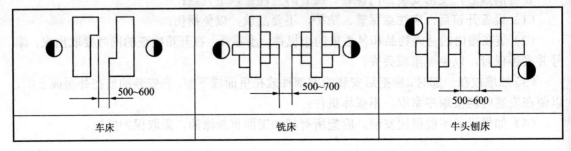

续表

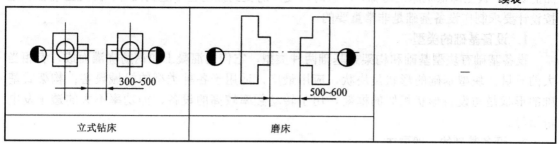

立式钻床	磨床

表 2-2　机床纵向排列最小净空尺寸

机 床	l（mm）
铣床	500～800
磨床	500～800
立式钻床	500～800
牛头刨床	800～900
车床	500～700

表 2-3　机床与墙柱间的最小距离　　　　　　　　　　单位：mm

图　例	说　明	备　注
	大、中型机床，操作者面对墙柱操作时	应考虑机床驱动电机机组、配电箱的安装位置
	操作者背靠墙柱（大型机床用较大尺寸）操作时	应考虑加工起吊方便
	侧面有伸出部分的中小机床	—

2.2.2　机电设备的基础

　　设备必须安装在基础上，因此基础的质量直接影响到安装的质量。设备基础的设计应根据当地的土壤条件和安装的技术条件进行。在制作基础时，必须使基础的位置、标高和尺寸等符合生产工艺布局的规定和技术安全条例的要求。

　　以机床的基础为例，机床与被加工的工件都有一定的质量和动能，工作时还有一定的振动，若无一定大小的基础来承受这些负荷并减轻振动，不但会降低设备的加工精度，影响产品的质量，甚至降低机床的寿命，严重时可使厂房受到振动甚至遭到破坏。因此正确合理地按设计要求制作设备基础是非常重要的。

1. 设备基础的类型

设备基础有块型基础和构架式基础两种类型，它们由混凝土和钢筋浇灌而成，有相当大的质量。块型基础的形状是块状，应用最广，适用于各种类型的机械设备；构架式基础的形状是与设备形状相似的框架，用于转动频率较高的设备，如功率不大的透平发电机组等。

2. 设备基础的一般要求

（1）外形和尺寸与设备相匹配。任何一种设备基础的外形和基础螺钉的位置、尺寸等必须同该设备的底座相匹配，并应保证设备在安装后牢固可靠。

（2）具有足够的强度和刚性。基础应有足够的强度和刚性，以避免设备产生强烈的振动，影响其本身的精度和寿命，对邻近的设备和建筑物也不会造成不良的影响。

（3）具有稳定性、耐久性。稳定性和耐久性指的是能防止地下水及有害液体的侵蚀，保证基础不产生变形或局部沉陷。若基础可能遭受化学液体、油液或侵蚀性液体的影响，基础应该覆加防护层。例如，在基础表面涂上防酸、防油的水泥砂浆或涂玛蹄脂油（由 45%～50%煤沥青、25%～30%煤焦油和 25%～30%的细黄沙组成），并应设置排液和集液沟槽。

（4）设备重心与基础形心重合。设备和基础的总重心与基础底面积的形心应尽可能在同一垂直线上。误差允许值为：

当地的计算强度 $P \leqslant 150\text{kPa}$ 时，其偏心值不得大于基础底面长度（沿重心偏移方向）的 30%；

当地的计算强度 $P > 150\text{kPa}$ 时，其偏心值不得大于基础底面长度（沿重心偏移方向）的 5%。

设总重心对于基础底面积形心的偏心距离沿 X，Y 轴方向分别为 C_X，C_Y（单位：m），则可按以下公式计算：

$$C_X = \frac{\sum(m_i x_i)}{\sum m_i}$$

$$C_Y = \frac{\sum(m_i y_i)}{\sum m_i}$$

式中，m_i 是部分设备和相应基础部分的质量之和（单位：t）；x_i，y_i 是部分设备和相应基础部分的总重心对于过基础底面的形心在 X，Y 轴方向的偏移距离（单位：m）。

（5）基础的标高。应根据产品的工艺和操作是否方便来决定基础的标高，还应保证废料和烟尘排出的通畅。

（6）预压。大型机床的基础在安装前需要进行预压。预压物的质量为设备质量和工件最大质量总和的 1.25 倍。

预压物可用沙子、小石子、钢材和铁锭等。将预压物均匀地压在基础上，使基础均匀下沉。预压工作应进行到基础不再下沉为止。

（7）隔振装置。隔振装置的设计与计算可按《动力机械和易振机械设备隔振设计及计算规程》进行。

（8）节约的原则。基础的设计与施工应最大限度地节省材料和人工费用。

3．地脚螺栓的确定

基础地脚螺栓分固定式和锚定式两种。固定式地脚螺栓的形式如图 2-1 所示，其在基础中的固定方式如图 2-2 所示。图 2-2（a）为全部预埋，优点是牢固性好，但较难准确安装，而且校正困难。图 2-2（b）采用部分预埋，而在上部留出一定深度的校正孔，在安装时校正［允许校正量如图 2-2（d）所示］以后，再在孔内灌入混凝土。这种方式的固定不如前一种牢固，而且对螺栓直径较大或受冲击载荷作用的设备，都不宜做调整孔，以防螺栓在弯折调整后产生内应力而影响其强度。在基础施工时留出地脚螺栓孔，待设备在基础上找正以后，再浇灌混凝土固定，如图 2-2（c）所示，这种方式施工简单，但不如前两种方式牢固。

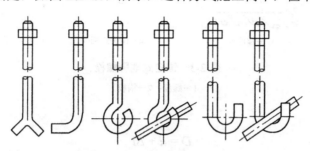

图 2-1　固定式地脚螺栓的形式

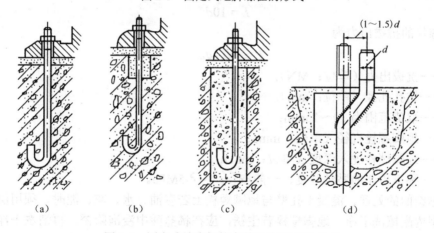

(a)　　　　　(b)　　　　　(c)　　　　　(d)

图 2-2　固定式地脚螺栓在基础中的固定方式

锚定式地脚螺栓如图 2-3 所示，分锤头式和双头螺栓式。螺栓穿通基础的预留孔后由锚板固定。锚板的形式如图 2-3（c）和图 2-3（d）所示。其优点是固定方法简单，安装时容易调整，断裂后便于更换。缺点是容易松动。

在采用全部预埋或部分预埋的地脚螺栓时，必须用金属架固定（不能回收），故要消耗大量的钢材，施工复杂，劳动量大，工期长，而且在浇灌过程中地脚螺栓还可能移位。近年来出现的用环氧砂浆黏结地脚螺栓的新工艺就避免了上述缺点。其操作方法如下。

（1）浇罐基础时不考虑地脚螺栓，只按图纸上的结构形式浇灌。

（2）当基础强度达到 10MPa 时，按基础图上地脚螺栓的位置，在基础上画线钻孔，孔要垂直。

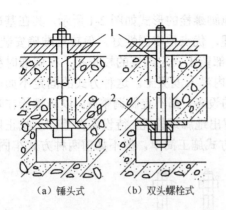
　　（a）锤头式　　　（b）双头螺栓式

（c）锤头式锚板

（d）双头螺栓式锚板

图 2-3　锚定式地脚螺栓

1—螺栓；2—锚板

钻孔孔径为

$$D = d + \Delta l$$

钻孔深度为

$$L = 10d$$

地脚螺栓的抗拔出力为

$$P \leqslant \pi d L [\sigma_{\mathrm{w}}]$$

式中　P——抗拔出力（单位：MN）；

　　　　D——钻孔孔径（单位：mm）；

　　　　Δl——取值范围为 10~16mm；

　　　　d——地脚螺栓直径（单位：mm）；

　　　　L——地脚螺栓埋入深度（单位：mm）；

　　　$[\sigma_{\mathrm{w}}]$——环氧砂浆的黏结强度，一般取$[\sigma_{\mathrm{w}}] = 4.5$MPa。

　　（3）黏结面的处理。混凝土孔壁与地脚螺栓上若有油、水、灰、泥时，须用清水冲洗，干燥后再用丙酮擦洗干净。地脚螺栓若生锈，应在稀盐酸中浸泡除锈，再清洗干净。

　　（4）环氧砂浆调配。配比（重量比）：

6101 环氧树脂（E-44）	100
苯二甲酸二丁酯	17
乙二胺	8
砂（粒径为 0.25~0.5mm，含水小于 0.2%）	250

　　环氧砂浆的调配方法：将 6101 环氧树脂用砂浴法或水浴法加热到 80℃，加入增塑剂苯二甲酸二丁酯，均匀搅拌并冷却到 30℃~35℃，将预热至 30℃~35℃的砂（用作填料）加入拌匀，再加入乙二胺。搅拌时要朝一个方向，以免带入空气。将搅拌好的砂浆注入孔内，再将螺栓插入，要使螺栓垂直并位于孔的正中间，并设法将螺栓的位置固定，防止歪斜。

　　固化时间夏天为 5h，冬天为 10h。固化以后即可进行安装操作。

　　配制及浇灌环氧砂浆，应做好安全防护工作。

　　经使用证明，上述配方有足够的黏结强度，完全可以满足一般设备的要求，推广使用将会使基础的设计和施工方法大大简化。

通常地脚螺栓、螺母及垫圈随设备配套供应,其规格尺寸在设备说明书上有明确的规定。地脚螺栓直径与设备底座上螺栓孔的直径关系如下:

螺栓孔直径（mm）20　25　30　50　55　65　80　95　110　135　145　165　185

螺栓直径（mm）　16　20　24　30　36　48　56　64　76　90　100　115　130

地脚螺栓的长度施工图上有规定,也可按下式确定:

$$L = L_m + S + \Delta l$$

式中　L——地脚螺栓的长度（单位:mm）;

Δl——取值范围为 5~10mm;

S——垫板高度及设备机座厚度、螺母厚度再加上预留量（3~5 个螺距）;

L_m——地脚螺栓的埋入深度,一般取 L_m 为螺栓直径的 15~20 倍,但重要的设备可以加长,一般不超过 1.5~2m,除轻型设备外,不短于 0.4m。L_m 的最小埋入深度也可参考表 2-4。

表 2-4　在 100 号混凝土中地脚螺栓的最小埋入深度

地脚螺栓直径 d（mm）		10~20	24~30	30~42	42~48	52~64	68~80
埋入深度 L_m（mm）	固定式地脚螺栓	200~400	500	600~700	700~800	—	—
	锚定式地脚螺栓	200~400	400	400~500	500	600	700~800

2.2.3　基础放线

基础放线就是按照设备的平面布置图,根据厂房柱子的轴线,采取几何画法求出中心点,用墨线弹出设备安装的纵、横中心线和其他基准线。

放线在基础检验合格后进行。放线时,尺子要摆正、拉直,测量要准确。现以图 2-4 所示的车间平面布置为例说明放线的方法。

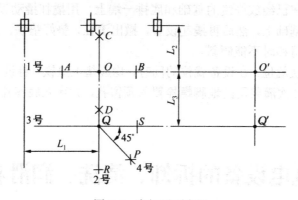

图 2-4　车间平面布置

1 号、2 号中心线距柱子轴线的距离分别为 L_1 和 L_2,1 号中心线垂直于 2 号中心线,3 号中心线平行于 1 号中心线,距 1 号中心线的距离为 L_3。其中 1 号中心线是主机组的中心线。3 号中心线与 2 号中心线交点 Q 处有一条 4 号中心线,它和 3 号中心线成 45° 角。

放线时,应根据 1 号中心线上各基础的情况,参照距柱子轴线为 L_2 的尺寸,首先弹出 1 号中心线,再根据 L_1 尺寸找出 O 点,然后以 O 点为圆心,以适当长度为半径画弧,和 1 号中心线交于 A,B 两点。再以适当长度为半径,分别以 A,B 为圆心作两弧交于 C,D 两点,连接 CD 并延长之,即得 2 号中心线。在 2 号中心线上取 OQ,令其长度等于 L_3。为了减少误差，可在 1 号中心线上距 O 点较远的地方，选一点 O'，过 O' 点作垂线，在此垂线上取 $O'Q'$ 长等于 L_3，连接 QQ' 即得 3 号中心线。再以 Q 为圆心，以适当长度为半径作弧和 2 号、3 号中心线交于 R、S 两点，然后分别以 R，S 为圆心，以适当长度为半径作两弧交于 P 点，连接 PQ 并延长之，即可得 4 号中心线。

当基础表面标高不一致，有高有低，中心线又很长，不便弹线时，可以用经纬仪在中心线上投出较多的点，分别弹线。同时，将点投在中心标板上，打上样冲眼作为以后挂线的依据。

对于相互有连接、衔接和排列关系的设备，应按其要求做出共同的安装基准线。如果机床是安装在混凝土地坪上且须埋设地脚螺栓，则应在放线后画出地脚螺栓孔中心线，按设计要求在地坪上预先凿好地脚螺栓孔，以便安装设备时放置地脚螺栓。

2.2.4 机电设备的就位

设备就位就是将设备搬运或吊装到已经确定的基础（位置）上。常用的就位方法有以下几种。

（1）安装设备前，先安装好车间厂房的桥式起重机，然后利用桥式起重机来吊装其他设备，就位既快又安全，这是最好的一种就位方法。

（2）利用铲车将设备从包装箱底排上铲起，放到基础上就位。

（3）用人字架就位。先将设备运到安装基础上，然后用人字架挂上倒链将设备吊起来，抽去底排，再将设备落到基础上就位。这种就位方法比较麻烦，费工多。

（4）在起吊工具和施工现场受到限制的情况下，通常采用滑移的方法就位。这种方法就是利用滚杠和撬杠将设备连同底排一起滑移到基础旁摆正，对好基础（位置）。然后卸下底排上的螺栓，用撬杠撬起设备的一端，在设备与底排之间放上几根滚杠，使设备落到滚杠上，再以三四根滚杠横跨在已经放好线的基础和底排一端上，用撬杠撬动设备，通过滚杠滑移，把设备从底排滑移到基础上，然后再撬起设备，撤出滚杠，垫好垫铁。采用这种方法时，要特别注意安全，设备滑移时不能倾斜。

无论采用哪种方法就位，在设备就位的同时，均应垫上垫铁，将设备底座孔套入预埋的地脚螺栓，或者将供二次灌浆用的地脚螺栓置入预留孔，并穿入底座孔，拧入螺母，以防螺栓落到预留孔底。

2.3 机电设备的拆卸、清洗、润滑和装配

2.3.1 拆卸

拆卸是安装工作的一部分，在清洗设备时首先要进行拆卸。

1. 拆卸前的准备

（1）研究设备和部件的装配图、传动系统图，了解零部件的连接和固定方法。

（2）熟悉零部件的构造，了解每个零部件的用途和相互之间的关系，并记住典型零件的位置。

（3）了解被拆零部件的装配间隙，测量出它与有关零部件的相对位置，并做出标记和记录。

（4）研究正确的拆卸方法。

（5）准备好必要的工具和设备。

2．拆卸方法

（1）击卸。击卸是用锤击的力量使相互配合的零件移动。这是一种最简便的拆卸方法，适用于结构比较简单、坚实或不重要的场合。锤击时要谨慎小心，因为如果方法不当，就可能打坏零件。击卸常用的工具有铁锤、铜锤、木锤、冲子及铜、铝、木质垫块等。击卸滚动轴承时，要左右对称交换地去敲击，切不可只在一面敲击，以免座圈破裂。

（2）压卸和拉卸。压卸和拉卸比击卸好，用力比较均匀，方向也可以控制，因此零件偏斜和损坏的可能性较小。这种方法适用于拆卸尺寸较大或过盈量较大的零件。它常用的工具有压床和拉模。如图 2-5 所示为用压床压卸轴承的方法。拉模常用于拉卸带轮等。

（3）加热拆卸。加热拆卸是利用金属热胀的特性来拆卸零件的，这样在拆卸时，就不会像击卸或压卸那样产生零件卡住或损伤的现象。这种方法常常在过盈量大（超过 0.1mm）、尺寸大、无法压卸时采用。

在实际应用中，零件的加热温度不宜超过 100℃～120℃，否则，零件容易变形，失去它原有的精度。如图 2-6 所示为加热拆卸轴承的情况，除了用拉模向外拉以外，同时还要用加热到 90℃～100℃的热机油浇到轴承的内圈上。为了不使热油浇到轴上，在靠近轴承内圈的轴端包上石棉或硬纸板，这样当轴承内圈受热膨胀与轴配合松动时，就可轻松地将轴承卸下来。拆卸的时候，拉模的爪抓在轴承的内圈上，以拉模的丝杠顶住轴端，然后拧紧丝杠即可。

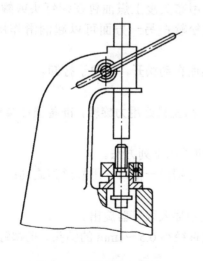

图 2-5　用压床压卸轴承

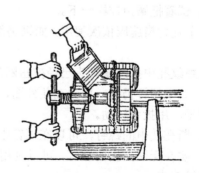

图 2-6　加热拆卸轴承

总之，要根据零部件的配合情况，选择合理的拆卸方法。如果是过渡配合，可采用击卸；如果是过盈配合，则可采用压卸或加热拆卸的方法。拆下的零件要放在木板上或箱子中妥善保管，以防受潮生锈。零件不要一个个地堆积起来，以免互相碰撞、划伤和变形。零件多时要进行编号，以免装配时搞错。较大零件如床身、箱体等可放在地板上或低的平台上；较小的零件如螺钉、螺母、垫圈、销子等可放在专用箱子内；细长的零件如长轴、丝杠等可垂直悬挂起来，以免弯曲变形。

3．几种常见连接的拆卸

（1）销连接的拆卸。拆卸销钉时可用冲子冲出（冲锥销时要冲小头）。冲子的直径要比销钉直径小，打冲时要猛而有力。当遇到销钉弯曲打不出来时，可用钻头钻掉销钉。这时所用钻头直径应比销钉直径小，以免钻伤孔壁。

圆柱形的定位销在拆去被定位的零件之后，常常留在主体上，如果没有必要，不必去动它；必须拆下时，可用尖嘴钳拔出。

（2）键连接的拆卸。

① 平键连接的拆卸。轴与轮的配合一般采用过渡配合和间隙配合。拆去轮子后，如果键的工作面良好，不需更换，一般都不要拆下来。如果键已经损坏，可以用油槽铲铲入键的一端，然后把键剔出；当键松动时，可用尖嘴钳拔出。滑键上一般都有专门供拆卸用的螺纹孔，可用适合的螺钉旋入孔中，顶住槽底轴面，把键顶出。当键在槽中配合很紧，又需要保存完好，而且必须拆出的时候，可在键上钻孔、攻螺纹，然后用螺钉把它顶出。这时，键上虽然开了一个螺纹孔，但对键的质量并无影响。

② 斜键连接的拆卸。斜键的上下面均为工作面，装入后会使轮和轴产生偏心，因此在精密装配中很少采用。拆卸斜键时，要注意拆卸方向。拆卸时，应用冲子从键较薄的一端向外冲出。如果斜键带有钩头，可用钩子拉出；如果没有钩头，就只能在键的端面开螺纹孔，拧上螺钉把它拉出来。

（3）螺纹连接的拆卸。普通的螺纹连接是容易拆卸的，只要使用各种扳手逆时针旋拧即可松扣。对于日久生锈的螺纹连接，可采用以下措施拧松。

① 用煤油浸润，即把连接件放到煤油中，或者用布头浸上煤油包在螺钉头或螺母上，使煤油渗入连接处。一方面可以浸润铁锈，使它松软；另一方面可以起润滑作用，便于拆卸。

② 用锤子敲击螺钉头或螺母，使连接受到震动而自动松开，以便于拧卸。

③ 试着把螺扣拧松一下。

以上几种措施应依次使用，如果仍然拆不下来，那就只好用力旋转，准备损坏螺钉或螺母了。

从螺纹孔中拆卸螺钉头已经被扭断的螺钉时，可采用下列方法。

① 如果螺钉仍有一部分在孔外面，可以在顶面上锯出一槽口，用螺丝刀旋动；或者把两侧锉平，用扳手转动。

② 断在孔中的螺钉，可以在螺钉中钻孔，在孔中插入取钉器旋出。

③ 实在无法拆出的螺钉，可以选用直径比螺纹直径小 0.5～1mm 的钻头，把螺钉钻除，再用丝锥旋去。

除了普通螺纹以外，还有一些螺纹连接属于过盈配合。拆卸时，可将带内螺纹的零件加热，使其直径增大，然后再旋出来。

4．拆卸注意事项

（1）拆卸前必须了解设备及其部件的结构，以便拆卸和修理后再装配时能有把握地进行。

（2）一般拆卸应按与装配相反的顺序进行。

（3）拆卸时，零部件回松的方向、厚薄端、大小头，必须辨别清楚。

（4）拆下的零部件必须有次序、有规则地安放，避免杂乱和堆积。

（5）拆下的零部件（如螺钉、螺母、垫圈、销子等）要尽可能按原来结构连接在一起。必要时，有些零部件需标上记号（打上钢印字母），以免装配时发生错误而影响其原有的配合性质。

（6）可以不拆卸或拆卸后可能降低连接质量的零部件，应尽量不拆卸，如密封连接、铆接等；有些设备或零部件标明不准拆卸时，应严禁拆卸。

2.3.2　清洗

1. 概述

清洗就是清除和洗净设备各零部件加工表面上的油脂、污垢和其他杂质的过程。对拆成零件或部件运往安装工地的大型机械设备，因其加工面上涂有防锈漆或干油，装配时必须进行清洗；对整体装运到工地的中小型机械设备，由于长期运输或长期在仓库中存放，致使油脂变质、加工面生锈，以及浸有泥沙污物等，安装时也必须进行清洗。对于可移动的部件，在清洗前不要移动，如普通车床，在床身导轨未清洗前不要移动尾座，在丝杠未清洗前不要移动溜板箱，以防灰尘、泥沙擦伤精加工表面。

一台设备不能一次全部都清洗干净，而应在安装过程中配合各工序的需要分别进行清洗。一般来说，在设备就位、找正和找平时，应将需要的或规定的测量基准面及时清洗；当调整设备或设备试运转时，再清洗各有关机件。对设备上原已铅封的、有过盈配合要求的，或设备技术文件中规定不得拆卸的机件，都不要随便拆开清洗。

清洗工作必须认真细致地进行。各机件间配合不适当，制造上的缺陷，运输存放过程中所造成的变形和损坏，都必须在清洗过程中及时发现和处理。

清洗时，要使用合理的方法，保护机件不受损伤，并使清洗后的机件十分清洁，以保证机械设备的正常运转，达到规范要求的精度。

2. 清洗前的准备

（1）熟悉设备图样和说明书，弄清楚设备的性能和所需润滑油的种类、数量及加油位置。

（2）设备清洗的场地必须清洁，不要在多尘土的地方或露天进行。清洗前，场地应做适当清理和布置。

（3）准备好所需的清洗材料、用具和放置机件用的木箱、木架及需用的压缩空气、水、电、照明等设施。

（4）仔细检查设备外部是否完整，有无碰伤；对于设备内部的损伤，也要做出记录，并及时进行处理。

（5）准备好防火用具，时刻注意安全。

3. 清洗材料和用具

（1）清洗时常用的材料。

① 清洗除锈用的煤油、汽油、柴油、机械油、变压器油、松节油、丙酮、酒精、香蕉水及各种碱性清洗液（表 2-5）等。

表 2-5　碱性清洗液的配方和应用

碱性清洗液配方（%）	性能及用途	清洗工艺说明
氢氧化钠：0.5～1 碳酸钠：5～10 水玻璃：3～4 水：余量	强碱性，加热的溶液能清洗矿物油、植物油及钠基脂。适用于一般钢件除油	先用热溶液（60℃～90℃）浸洗或喷洗 5～10min，再用冷水漂洗
氢氧化钠：1～2 磷酸三钠：5～8 水玻璃：3～4 水：余量		
磷酸三钠：5～8 磷酸二氢钠：5～6 水玻璃：5～6 烷基苯磺酸钠：0.5～1 水：余量	碱性较弱，加热的溶液有除油能力，对金属腐蚀性较低。适用于钢铁及铝合金零件的清洗	先用热溶液（60℃～95℃）浸洗或喷洗 5～10min，再用冷水漂洗
十二烷基硫酸钠：0.5 油酸三乙醇胺：3 苯甲酸钠：0.5 水：余量	碱性更弱，加热的溶液能去除油脂。适用于精加工、抛光后的钢质零件和铝合金零件的清洗	先在加热到 90℃ 的溶液中浸洗，然后用防锈水漂洗

② 擦洗用的棉纱、布头和砂布等。

③ 保持场地和环境清洁用的苫布、塑料布、席子等。

（2）清洗用具。常用的清洗用具有油枪、油壶、油盘、油筒、毛刷、刮具、铜棒、软金属锤、皮老虎、防尘罩、空气压缩机、压缩空气喷头和清洗喷头等。

4．清洗方法

为了去除机件表面的旧油、锈层和漆皮，清洗工作常按以下步骤进行。

（1）初步清洗。初步清洗包括去除机件表面的旧油、铁锈和刮漆皮等工作。清洗时，用专门的油桶把刮下的旧干油保存起来，以做他用。

① 去旧油。一般用竹片或软质金属片从机件上刮下旧油或使用脱脂剂（表 2-6）去除。

表 2-6　脱脂剂的适用范围

脱脂剂名称	适用范围	附　　注
二氯乙烷	金属制件	有剧毒、易燃、易爆，对黑色金属有腐蚀性
三氯乙烷	金属制件	有毒，对金属无腐蚀性
四氯化碳	金属和非金属制件	有毒，对有色金属有腐蚀性
95%乙醇	脱脂要求不高的设备和管路	易燃、易爆，脱脂性能较差
98%浓硝酸	浓硝酸装置的部分管件和瓷环等	有腐蚀性
碱性清洗液	脱脂要求不高的部件和管路	清洗液应加热至 60℃～90℃

脱脂方法：小零件浸在脱脂剂内 5～15min；较大的金属表面用清洁的棉布或棉纱浸蘸脱脂剂进行擦洗；一般容器或管子的内表面用灌洗法脱脂（每处灌洗时间不少于 15min）；大容器的内表面用喷头喷淋脱脂剂冲洗。

② 除锈。除锈时，轻微的锈斑要彻底除净，直至呈现出原来的金属光泽；对于中锈应除至表面平滑为止。应尽量保持接合面和滑动面的表面粗糙度和配合精度。除锈后，应用煤油或汽油清洗干净，并涂以适量的润滑油脂或防锈油脂。各种表面的除锈方法见表 2-7。

表 2-7　各种表面的除锈方法

项　次	表面粗糙度 Ra（μm）	除　锈　方　法
1	∇	用砂轮、钢丝刷、刮具、砂布、喷砂或酸洗除锈
2	5.0～6.3	用非金属刮具油石或粒度为 150 号的砂布蘸机械油擦除或进行酸洗除锈
3	3.2～1.6	用细油石或粒度为 150 号（或 180 号）的砂布蘸机械油擦除或进行酸洗除锈
4	0.8～0.2	先用粒度为 180 号或 240 号的砂布蘸机械油进行擦拭，然后再用干净的棉布（或布伦）蘸机械油和研磨膏的混合剂进行磨光
5	＜0.1	先用粒度为 280 号的砂布蘸机械油进行擦拭，然后用干净的绒布蘸机械油和细研磨膏的混合剂进行磨光

注：1. ∇ 表示不加工表面；

2. 有色金属加工面上的锈蚀应用粒度号不低于 150 号的砂布蘸机械油擦拭。轴承的滑动面除锈时，不应用砂布；

3. 表面粗糙度 $Ra ＞ 12.5$μm，形状较简单（没有小孔、狭槽、铆钉等）的零部件，可用 6%硫酸或 10%盐酸溶液进行酸洗；

4. 表面粗糙度 Ra 为 $6.3～1.6$μm 的零部件，应用铬酸酐-磷酸溶液酸洗或用棉布蘸工业醋酸进行擦拭；铬酸酐-磷酸水溶液配比和使用方法：

　　　　　　　铬酸酐 CrO_3　　　　150g/L
　　　　　　　磷酸 H_3PO_4　　　　80g/L
　　　　　　　酸洗温度　　　　　　85℃～95℃
　　　　　　　酸洗时间　　　　　　30～60min

5. 酸洗除锈后，必须立即用水进行冲洗，再用含氢氧化钠 1g/L 和亚硝酸钠 2g/L 的水溶液进行中和，防止腐蚀；

6. 酸洗除锈、冲洗、中和、再冲洗、干燥和涂油等操作应连续进行。

③ 去油漆。常用的去油漆方法有以下几种。

● 一般粗加工面都采用铲刮的方法。

● 粗细加工面可采用布头蘸汽油或香蕉水用力摩擦来去除。

● 加工面高低不平时（如齿轮加工面），可采用钢丝刷或用钢丝绳头刷。

（2）用清洗剂或热油冲洗。机件经过除锈、去漆之后，应用清洗剂将加工表面上的渣子冲洗干净。原有干油的机件，经初步清洗后，如仍有大量的干油存在，可用热油烫洗，但油温不得超过 120℃。

（3）净洗。机件表面的旧油、锈层、漆皮洗去之后，先用压缩空气吹（以节省汽油），再用煤油或汽油彻底冲洗干净。

5．三种零部件的清洗

（1）油孔的清洗。油孔是机械设备润滑的孔道。清洗时，先用铁丝绑上沾有煤油的布条塞到油孔中往复通几次，把里面的铁屑污油擦干净，再用清洁布条捅一下，然后用压缩空气吹一遍。清洗干净后，用油枪打进干油，外面用沾有干油的木塞堵住，以免灰尘侵入。

（2）滚动轴承的清洗。滚动轴承是精密机件，清洗时要特别仔细。在未清洗到一定程度之前，最好不要转动，以防杂质划伤滚道或滚动体。清洗时，要用汽油，严禁用棉纱擦洗。在轴上清洗时，用喷枪打入热油，冲去旧干油。然后再喷一次汽油，将内部余油完全除净。清洗前要检查轴承是否有锈蚀、斑痕，如有，可用研磨粉擦掉。擦时要从多方向交叉进行，以免产生擦痕。滚动轴承清洗完毕后，如不立即装配，应涂油包装。

（3）齿轮箱（如主轴箱、变速箱等）的清洗。清洗前，应先将箱内的存油放出（若是干油也应想法去掉），再注入煤油，借手动使齿轮回转，并用毛刷、棉布清洗，然后放出脏油。待清洗洁净后再用棉布擦干，但应注意箱内不得有铁屑和灰砂等杂物。

如箱内齿轮所涂的防锈干油过厚、不易清洗时，可用机油加热至 70℃～80℃或用煤油加热至 30℃～40℃，倒入箱中清洗。

6. 安装设备前清洗的注意事项

（1）安装设备前，首先应进行表面（如工作台面、滑动面及其他外表面等）清洗。

（2）滑动面未清洗前，不得移动它上面的任何部件。

（3）设备加工面的防锈油层，只准用干净的棉纱、棉布、木刮刀或牛角刮具清除，不准使用砂布或金属刮具。如为干油，可用煤油清洗；如为防锈漆，可用香蕉水、酒精、松节油或丙酮清洗。

（4）加工表面如有锈蚀，用油无法除去时，可用棉布蘸醋酸擦掉，但除锈后要用石灰水擦拭使其中和，并用清洁棉纱或布擦干。

（5）使用汽油或其他挥发性高的油类清洗时，勿使油液滴在机身的油漆面上。

（6）凡需组合装配的部件，必须先将接合面清洗干净，涂上润滑油后才能进行装配。

（7）设备清洗后，凡无油漆部分均需用清洁棉纱擦净，涂以机油防锈，并用防尘苫布罩盖好。

（8）清洗设备所用的油及用过的油布等，不得落于设备基础上，以免影响灌注水泥砂浆的质量。

2.3.3 润滑

为了避免机件间直接接触和减少机件相对运动部分的摩擦，在设备安装和使用中必须进行润滑。设备润滑一般采用润滑剂。润滑剂还起散热的作用。

润滑剂分为润滑油和润滑脂。

1. 润滑油

（1）对润滑油的要求。

① 润滑油应具有一定的黏度，以保证在相对运动的零件上具有持久的油膜，保持润滑能力。

② 润滑油不得腐蚀机械零件，不得含有水分和机械杂质。温度变化时，其黏度改变的幅度要小。

③ 润滑油在使用中不得形成大量的积灰和沥青层。

④ 润滑油必须经过化验，确定符合规定的要求后，方能使用。

⑤ 加入设备内的润滑油必须经过过滤，并且所加油量必须达到规定的油标位置。

⑥ 凡需两种油料混合使用时，应先按比例配合好再使用。

⑦ 液压系统的油液，必须特别注意清洁，不得使用再生油液。

（2）常用润滑油的主要性能要求见表 2-8。

表 2-8　常用润滑油的主要性能要求（GB 443—1989）

项　目	质量指标									
	N5	N7	N10	N15	N22	N32	N46	N68	N100	N150
运动黏度（40℃，mm²/s）	4.14～5.06	6.12～7.48	9.00～11.00	13.5～16.5	19.8～24.2	28.8～35.2	41.4～50.6	61.2～74.8	90.0～110	135～165
倾点（℃）	实测	实测	实测	实测	实测	实测	实测	实测	实测	实测
凝点（℃）　不高于	−10	−10	−10	−15	−15	−15	−10	−10	0	0
残炭（%）　不大于	—	—	—	0.15	0.15	0.15	0.25	0.25	0.25	0.5
灰粉（%）　不大于	0.005	0.005	0.005	0.007	0.007	0.007	0.007	0.007	0.007	0.007

续表

项　目	质　量　指　标									
	N5	N7	N10	N15	N22	N32	N46	N68	N100	N150
水溶性酸或碱	无	无	无	无	无	无	无	无	无	无
酸值（mgKOH/g）不大于	0.04	0.04	0.04	0.14	0.14	0.16	0.2	0.35	0.35	0.35
机械杂质（%）不大于	无	无	无	0.005	0.005	0.005	0.007	0.007	0.007	0.007
水分（%）	无	无	无	无	无	无	无	无	痕迹	痕迹
闪点（开口，℃）不低于	110	110	125	165	170	170	180	190	210	220
腐蚀（T3，100℃，3h）	合格	合格	合格	合格	合格	合格	合格	合格	合格	合格
色度（号）　不深于	8（1.5）	8（1.5）	8（1.5）	9（1.5）	13（2.5）	15（3.0）	20（5.5）	20（5.5）	24（7.5）	24（7.5）

注：1. 括号内数据相当于 ASTM1500 的色度号，做参考用。
　　2. 用户要求不加降凝剂时 N5～N68 允许凝点不高于−5℃出厂。
　　3. 用糠醛或酚精制的各号机械油规定不含糠醛和酚。

2. 润滑脂

润滑脂俗称黄油或黄干油，颜色从淡黄到深褐色。当机件不适于用润滑油时，可采用高黏度的润滑脂。

（1）对润滑脂的要求。

① 润滑脂在任何负荷下，均需保持良好的润滑性能，并具有适当的流动性。

② 当温度变化时，润滑脂只需稍稍改变其稠度，但在使用和保管期内绝不允许变质。

（2）二硫化钼和膨润土润滑脂的主要性能和用途分别见表 2-9 和表 2-10。

表 2-9　二硫化钼润滑脂的主要性能和用途

名称	代号	滴点≥（℃）	工作针入度（1/10mm）	用　途
润滑脂	1#	≥230	260～300	1. 适用于圆周速度 15m/s、温度 140℃ 以下的高温、高速滚动轴承，如丝锤铲磨机、板牙铲床、内外圆磨床、万能工具磨床、20000r/min 电动机等高速机床轴承 2. 用作金属和设备的表面防护剂
	2#	≥240	180～220	有耐湿、耐热性能，用于工作温度低于 180℃ 的滚动轴承，如离心浇注机、热处理炉子支架轴承，高温滚道轴承等，但不适于工作温度低于 80℃ 的设备润滑
	3#	≥220	240～280	适用于 40℃～140℃、15000r/min 以下、负荷 400MPa 以下的各类滚动轴承，如大型电动机、发电机轴承，1250℃ 压力浇飞轮轴、大型吊车轮轴、高压鼓风机及空压机轴承，高速铣床、磨床、刨床、煤气鼓风机及减速机等重型机电设备滚动轴承润滑
	4#	≥210	290～330	适用于 20℃～80℃、3000r/min、常见的中小型机电设备，如鼓风机、水泵、汽车等的滚动轴承。也适用于各种油杯加油的轴瓦及间隙 0.5mm 以上的重负荷设备轴瓦润滑
	5#	≥180	290～330	适用于局部或集中润滑的轧钢机、压延机等重负荷轴承，其流动性较好
复合钙基润滑脂	ZFG-1 ZFG-2 ZFG-3 ZFG-4	180 200 220 240	310～350 260～300 210～250 160～200	由复合钙基脂添加二硫化钼而成，有耐高温、耐潮湿、抗极压性能，适用于高温高负荷机械设备润滑
合成复合铝基润滑脂	ZFG-1 ZFG-2 ZFG-3 ZFG-4	180 200 220 240	310～340 265～295 220～250 175～205	由复合铝基脂添加二硫化钼而成，有耐水、耐高温、抗极压性能，适用于高温高负荷机械设备润滑

注：1#～4# 润滑脂不适用于低温操作设备及电动或风动干油泵输送的机械润滑。

表 2-10 膨润土润滑脂的主要性能和用途

代号	滴点> (℃)	工作针入度 (1/10mm)	用　　途
J-1#	>250	310～340	适用于潮湿及工作温度为-20℃～150℃的轻负荷、高转速滚珠轴承润滑
J-2#	>250	260～295	适用于潮湿及工作温度为-20℃～200℃的轻、中负荷，高转速滚珠轴承润滑
J-3#	>250	220～250	适用于潮湿及工作温度为0℃～200℃的中、重负荷，中、低转速滚珠轴承润滑
J-4#	>250	175～205	适用于潮湿及工作温度为50℃～200℃的重负荷、低转速滚珠轴承润滑

2.3.4 装配

按规定的技术要求，将零件或部件进行配合和连接，使之成为半成品或成品的工艺过程称为装配。

装配对设备的精度和工作质量有很大的影响。例如，车床的主轴与床身导轨装配得不平行，车削出来的零件就会出现锥度；车床的主轴与横溜板导轨装配得不垂直，加工出来的零件端面就会不平。装配时，零件表面如果有碰伤或配合表面擦洗得不干净，设备工作起来，零件就会很快磨损，这样就会降低设备的使用寿命。装配得不好的设备，其生产能力就要降低，消耗的功率就会增加。因此装配是一项非常重要而细致的工作。

1．装配时连接的种类

装配时连接的种类见表 2-11。

表 2-11 装配时连接的种类

固　定　连　接		活　动　连　接	
可拆的	不可拆的	可拆的	不可拆的
螺纹、键、楔、销等	铆接、焊接、压合、胶合、热压等	轴与滑动轴承、柱塞与套筒等间隙配合零件	任何活动连接的铆合头

2．装配的组织形式及其选择

装配的组织形式及其选择见表 2-12。

表 2-12 装配的组织形式及其选择

形　式	方　法	应用范围和特点
固定装配	集中装配	产品是固定的，全部过程均由一部分人完成。适用于单件或小批量生产。装配周期长，辅助面积大，要求工人操作水平高

3．装配前的准备工作

（1）熟悉装配图和有关技术文件，了解所装机械的用途、构造、工作原理、各零部件的作用、相互关系、连接方法及有关技术要求，掌握装配工作的各项技术规范。

（2）确定装配的方法和程序，准备必要的工艺装备。

（3）准备好所需的各种材料（如铜皮、铁皮、保险垫片、弹簧垫圈、止动铁丝等）。所有皮质油封在装配前必须浸入加热至 66℃的机油和煤油各半的混合液中浸泡 5～8min；橡胶油封应在摩擦部分涂以齿轮油。

（4）检查零部件的加工质量及其在搬运和堆放过程中是否有变形和碰伤，并根据需要进行适当的修整。

（5）所有的耦合件和不能互换的零件，要按照拆卸、修理或制造时所做的记号妥善摆放，以便成对成套地进行装配。

装配前，对零部件进行彻底清洗，因为任何脏物或灰尘都会引起严重的磨损。

4．装配方法

（1）常用装配方法及其适用范围见表 2-13。

表 2-13　常用装配方法及其适用范围

装配方法	适用范围和特点
完全互换法	配合零件公差之和小于或等于装配允许偏差，零件完全互换。操作方便，易于掌握，生产率高，便于组织流水作业。但对零件的加工精度要求较高。适于配合零件数较少，批量较大，零件采用经济加工精度制造时采用
不完全互换法	配合零件公差平方和的平方根小于或等于装配允许偏差，可不加选择进行装配，零件可互换。亦有操作方便，易于掌握，生产率较高，便于组织流水作业的优点。同时因公差较完全互换法放宽，较为经济合理。但有极少数零件需返修或更换。适于零件略多，批量大或零件加工精度需放宽制造时采用
分组选配法	配合副中零件的加工公差按装配允许偏差放大若干倍，对加工后的零件测量分组。对应的组进行装配，同组可以互换。零件能按经济精度制造，配合精度高。但增加了测量分组工作，由于各组配合零件不可能相同，容易造成部分零件的积压。适于成批或大量生产，配合零件数少，装配精度较高时采用
调整法	选定配合副中一个零件制成多种尺寸，装配时利用它来调整到装配允许偏差；或采用可调装置改变有关零件的相互位置来达到装配允许偏差；或采用误差抵消法。零件可按经济精度制造，能获得较高装配精度。但装配质量在一定程度上依赖操作者的技术水平。调整法可用于多种装配场合
修配法	在某零件上预留修配量，或在装配后再进行一次精加工，综合消除其积累误差。可获得很高的装配精度，但很大程度上依赖操作者的技术水平。适于单件或小批生产，或装配精度要求高的场合

（2）过盈连接的装配。

① 压装法。压装法是过盈连接最常用的一种装配方法，它是将具有过盈量配合的两个零件压到配合位置的装配方法。根据施压方式的不同，压装法分为冲击压装、工具压装和压力机压装三种。

② 热装法。热装法是将具有过盈量配合的两个零件在装配时先将包容件加热胀大，再将被包容件装入到配合位置的装配方法。

热装法采用的加热方法主要有以下几种：火焰加热法、介质加热法、电阻和辐射加热法、感应加热法。

为了传递一定的轴向力和转矩，采用热装法装配时，过盈量必须有适当的数值，一般可根据下面的经验公式确定

$$\delta = (d/25) \times 0.04$$

式中　δ——轴、孔间的过盈量（单位：mm）；

　　　d——轴和孔的基本尺寸（单位：mm）。

即每 25mm 直径须 0.04mm 的过盈量。

③ 冷装法。冷装法是将具有过盈量配合的两个零件进行装配，装配时先将被包容件用冷却剂冷却，使其尺寸收缩，再装入包容件使其达到配合位置的装配方法。

冷却温度的计算过程如下

$$\Delta t = \Delta d / (\alpha d \times 10^3)$$

式中　Δt——冷装时，配合件的温差（单位：℃）；

　　　α——低温时零件的冷缩系数（单位：1/℃或1/K），见表 2-14；

d——零件配合尺寸（单位：mm）；

Δd——被冷却零件的最大收缩量（单位：μm），不同配合尺寸时的 Δd 值见表 2-15。

若操作室内的温度为 t_0，则零件所需的冷却温度为

$$t = t_0 - \Delta t$$

表 2-14　零件的冷缩系数　　　　　　　　　单位：1/℃ 或 1/K

序　号	零件所用材料的名称	冷缩系数 α（×10⁻⁶）
1	钢（含碳量<1%）经淬火	9.5
2	铸钢	8.5
3	铸铁	8
4	可锻铸铁	8
5	铜	14
6	青铜	15
7	黄铜	16
8	铝合金	18
9	锰合金	21

表 2-15　不同配合尺寸时的 Δd 值　　　　　　　　　单位：μm

配合尺寸（mm）	过渡配合				过盈配合		
	n6	m6	k6	js6	s7, u5, u6	s6	r6
30~50	47	39	32	20	99	64	59
50~80	55	45	38	25	135	80	70
80~120	65	55	46	32	180	115	90
120~180	77	65	55	39	245	150	110
180~260	90	75	65	46	330	195	135
260~360	110	90	80	58	440	260	175
360~500	130	110	95	70	595	350	220

【例 2-1】　挖掘机履带架的青铜套的配合尺寸为 $\phi 180$mm，车间温度为 20℃，求冷却时的冷却温度 t？

【解】　查表 2-14 知，材料为青铜时，冷缩系数 $\alpha = 15 \times 10^{-6}$（单位：1/℃）；查表 2-15 知，配合尺寸为 180mm 时，$\Delta d = 110$μm。代入公式得

$$\Delta t = \Delta d / (\alpha d \times 10^3) = 110 / (15 \times 10^{-6} \times 180 \times 10^3) \approx 41℃$$

已知 $t_0 = 20℃$，所以冷却时的冷却温度为

$$t = t_0 - \Delta t = 20 - 41 = -21℃$$

冷装法中还要选择冷却剂。常用的冷却剂有固体二氧化碳、液态氮、液态氧和液态空气，其主要性能指标见表 2-16。

冷却剂一般是根据冷却温度来选择的。冷却温度高于-78℃，属于一般性冷却范围，用固体二氧化碳比较适宜，其汽化潜热高，冷却效率亦高；冷却温度低于-78℃，属于深冷范围，则需用液态氮或液态空气，也可用液态氧。

冷却剂耗量由下列公式计算

$$N = 1000Q / (K\beta\rho) + A$$

式中　N——冷却剂的耗量（单位：L）；

K——冷却剂的汽化潜热（单位：kJ/kg），见表 2-16；

β——热损失系数，一般为 0.5～0.9；

ρ——液态气体的密度（单位：kg/m^3），见表 2-16；

A——零件冷却完毕，槽内残存的冷却剂（单位：L）；

Q——冷却时所放出的热量（单位：kJ），可按下式计算

$$Q = (GC + G_1C_1)\Delta t$$

式中　G——被冷却零件的重量（单位：kg）；

　　　G_1——容器的重量（单位：kg）；

　　　C——被冷却零件材料的比热容［单位：kJ/（kg·K）］，见表 2-17；

　　　C_1——容器材料的比热容［单位：kJ/（kg·K）］，见表 2-17；

　　　Δt——温差（单位：K）。

表 2-16　冷却剂的主要性能指标

序号	冷却剂名称	状态	沸点（℃） （标准压强下）	汽化潜热（kJ/kg） （标准压强下沸点时）	密度 （kg/m^3）
1	干冰（固体 CO_2）	固态	−78.5	575	1190（固态）
2	液态氮	液态	−195.8	201	808（液态）
3	液态氧	液态	−182.5	217	1140（液态）
4	液态空气	液态	−195～−190	197	861（液态）

表 2-17　金属材料的比热容

材料名称	比热容 ［kJ/（kg·K）］	材料名称	比热容 ［kJ/（kg·K）］
灰铸铁	0.54	青铜	0.38
铸钢	0.48	紫铜	0.37
软钢	0.50	铝	0.90
黄铜	0.40	铅	0.14

冷装法操作时，首先将需要冷却的零件清洗干净，装入冷却槽中（每次最好装 10kg 左右），然后注入冷却剂（每 15L 冷却剂可冷缩 8～10kg 零件），并立即盖好盖。约经 5min 之后，冷却即告结束。开盖后，用钳子将零件夹出，放在木板上，然后即可把它装入孔内。冷却时，要注意调整好零件在孔内的位置。约 1min 之后，零件温度才能回升。

操作时，工人必须穿全身防护工作服，戴好手套，并严格遵守安全操作规程。

（3）过盈连接装配方法的选择见表 2-18。

表 2-18　过盈连接装配方法的选择

装配方法		设备或工具	工艺特点	应用举例
压装法	冲击压装	用手锤或重物冲击	简便，但导向性不易控制，易出现歪斜	适用于配合要求低、长度短的零件装配，如销、短轴等。多用于单件生产中
	工具压装	螺旋式、杠杆式、气动式压装工具	导向性比冲击压装好，生产率较高	适用于小尺寸连接件的装配，如套筒和一般要求的滚动轴承等。多用于中小批生产
	压力机压装	齿条式、螺旋式、杠杆式气动压力机或液压机	压力范围（1～1000）×10^{4}N。配合夹具使用，可提高导正性	适用于采用轻、中型过盈配合的连接件，如齿圈、轮毂等。成批生产中广泛采用

2.4 机电设备的找正

设备找正就是将设备不偏不倚地正好放在规定的位置上，使设备的纵横中心线和基础的中心线对正。设备找正包括三个方面：找正设备中心、找正设备标高和找正设备水平度。

1. 找正设备中心

找正设备中心按以下步骤进行。

（1）挂中心线。设备在基础上就位后，就可以根据中心标板上的中心线点挂中心线。中心线用来确定设备纵横水平方向的方位，从而确定设备的正确位置。挂中心线可采用线架，大设备使用固定线架，小设备使用活动线架。

（2）找设备中心。每台设备必须找出中心，才能确定设备的正确位置。找设备中心的方法如下。

① 根据加工的圆孔找中心。如图 2-7 所示为辊式校正机找中心的方法。它是根据两个已加工的圆孔，在孔内钉上木头和铁片来找正设备中心的。图中 a 为两圆孔中心与设备中心的距离。

② 根据轴的端面找中心。有些设备轴很短，只有轴的端面露在外面。这时，可在轴头端面的中心孔内塞上铅皮，然后用圆规在铅皮上找出中心，如图 2-8 所示。

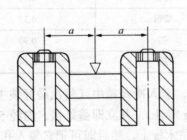

图 2-7 辊式校正机找中心

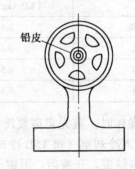

铅皮

图 2-8 根据轴的端面找中心

③ 根据侧加工面找中心。一般减速机可根据两侧装挡油盖的加工面分出中心，找正设备。如图 2-9 所示，a 为侧加工面至设备中心的距离。

（3）设备拨正。挂好中心线，找出设备中心后，就可以看出设备是否位于正确的位置。如果位置不正确，可用以下方法将设备拨正。

① 一般小型机座可用锤子打，也可用撬杠撬，如图 2-10 所示。用锤子打时要轻，不要打坏设备。

② 较重的设备可在基础上放上垫铁，打入斜铁，使之移动，如图 2-11 所示。

③ 利用油压千斤顶拨正（图 2-12）。在油压千斤顶的两端要加上垫铁或木块，以免碰伤设备表面或基面。

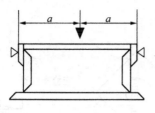

图 2-9　根据侧加工面找中心

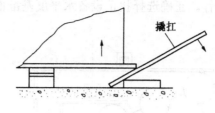

图 2-10　用撬杠拨正

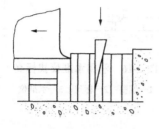

图 2-11　打入斜铁拨正

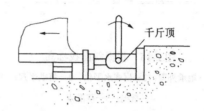

图 2-12　用油压千斤顶拨正

④ 有些设备可用拨正器来拨正（图 2-13）。这样做既省力又省时，移动量可以很小，而且准确。同时，可代替油压千斤顶。

2. 找正设备标高

机械设备坐落在厂房内，其相互间各自应有的高度就是设备的标高。找正设备标高的方法如下。

（1）按加工面找标高。设备上的加工面可直接作为找标高用的平面，把水平仪、铸铁平尺放在加工面上，即可量出设备的标高。如图 2-14 所示为减速器外壳找标高的方法。

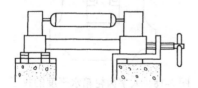

图 2-13　用拨正器拨正

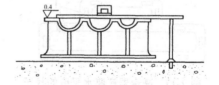

图 2-14　减速器外壳找标高

（2）根据斜面找标高（图 2-15）。有些减速器的盖面是倾斜的，虽然盖和机体的接触面是加工面，但是不能用作找标高的基面。此时可利用两个轴承外圈来找标高。

（3）利用水准仪找标高（图 2-16）。这是最简便的办法，但必须考虑在设备上能放标尺，并且设备和其附近的建筑物不妨碍测量视线和有足够放置测量仪器的地方。

找标高时，对于连续生产的联动机组要尽量少用基准点，而多利用机械加工面间的相互高度关系。多设备安装时，要注意每台设备标高偏差的控制。当拧紧地脚螺栓前，标高用垫铁垫起出入不大时，可以根据设备质量估计拧紧地脚螺栓后高度下降多少，一般是先使高度高出设计标高 1mm 左右，这样拧紧地脚螺栓后，高度将会接近要求。在调整设备标高的同时，应兼顾其水平度，二者必须同时进行调整。

3. 找正设备水平度

找正设备水平度就是将设备调整到水平状态。也就是说，把设备上主要的面调整到与水平面平行。正确选择找正设备水平度基准面的方法如下。

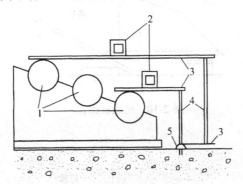

图 2-15　根据斜面找标高

1—轴承外圈；2—框式水平仪；3—铸铁平尺；

4—量棍；5—基准点

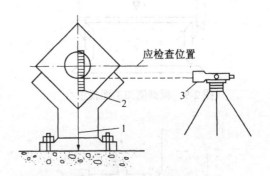

图 2-16　利用水准仪找标高

1—线坠；2—标尺；3—水准仪

（1）以加工平面为基准面。这是最常用的基准面。纵横方位找平和找标高都可以此为基准。如图 2-17 所示就是以加工平面为基准面找正减速器底座水平度的例子。

（2）以加工的立面为基准面。有些设备只找正水平面的水平度是不够的，立面的垂直度也要找正，这时可以加工的立面为基准面。如轧钢机中人字齿轮箱的立面是主要加工面，如图 2-18 所示就是利用这个面找正设备水平度的。

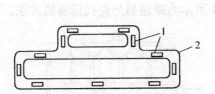

图 2-17　减速器底座水平度的找正

1—框式水平仪；2—底座

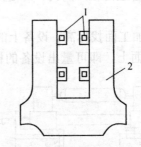

图 2-18　人字齿轮箱水平度的找正

1—框式水平仪；2—机架

下面以卧式车床和牛头刨床为例说明找正设备水平度的方法。

① 卧式车床水平度的找正方法。找正卧式车床的水平度时，可将水平仪按纵横方向放在溜板上（图 2-19），在车床的两端测量纵横方向的水平度。测出哪一面低，就打哪一面的斜垫铁。要反复测量，反复调整，直至合格为止。

② 牛头刨床水平度的找正方法。找正牛头刨床的水平度时，可将水平仪放在如图 2-20 所示的位置上，进行纵横水平的测量。在横向导轨的两端测量横向水平，在床身垂直导轨上检查纵向水平度，如不平行可进行调整。

找正设备的水平度时应注意：在有斜度的面上测量水平时，可采用角度水平器或制作样板。在两个高度不同的加工面上用铸铁平尺测量水平度时，可在底面上加量块或制作精密垫块。在小的测量面上可直接用框式水平仪检查，大的测量面先放上铸铁平尺，然后用框式水平仪检查。铸铁平尺与测量面间应擦干净，并用塞尺检查，要接触良好。框式水平仪在使用时应正、反各测一次，以纠正框式水平仪本身的误差；天气寒冷时，应防止灯泡接近或人的呼吸等热源影响测量精度。找正设备的水平度所用的框式水平仪和铸铁平尺等，必须经常校正。

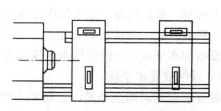

图 2-19　卧式车床水平度的找正方法

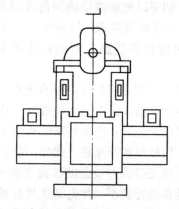

图 2-20　牛头刨床水平度的找正方法

调整设备标高和水平度的方法有以下三种。

（1）用楔铁调整。使用楔铁将设备升起，以调整设备的标高和水平度。

（2）用小螺栓千斤顶调整（图 2-21）。质量较小的设备，采用小螺栓千斤顶调整设备的标高和水平度最准确、方便，且省力、省时。调整时，只需用扳手提升螺杆，即可使设备起落。

（3）用油压千斤顶调整。起落较重的设备时，可利用油压千斤顶。有时因基础妨碍，不能把千斤顶直接放在机座下时，可制作一块 Z 形弯板顶起（图 2-22）。

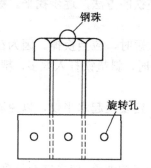

图 2-21　用小螺栓千斤顶调整

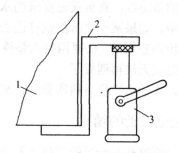

图 2-22　用油压千斤顶调整

1—设备；2—Z 形弯板；3—千斤顶

 # 2.5　机电设备的初平和精平

2.5.1　机电设备的初平

初平是设备就位、找正后（不再水平移动）的第一次找平，即初步找平。初平的目的是将设备的水平度大体上调整到接近要求的程度，为下一步二次灌浆后的精确找平（精平）做准备。

设备初平后，之所以还必须再进行一次精平，其原因有以下两点。

（1）初平时地脚螺栓的预留孔尚未灌浆，找正之后还不能固定。

（2）初平时设备未经过清洗，放水平仪的设备加工面上也只是局部擦洗了一下，不能进行全面的检查和调整，所测结果不够精确，初平的精度一般不易达到规定的安装水平要求。

所以，二次灌浆后还必须再进行一次精平。

设备初平前，应串好地脚螺栓，垫上垫圈，套上螺母，放好垫铁。垫铁的中心线要垂直于设备底座的边缘，垫铁外露的长度要符合要求。垫铁放好后还要检查有无松动，如有松动应换上一块较厚的平垫铁。此外，由于初平是调整设备的水平度，一般使用水平仪作为测量工具，所以还必须对设备的被测表面进行局部擦洗，以便放置水平仪。

对设备进行找平，首先必须找好被测基准。一般要求被测表面应当是经过精加工的，最能体现设备安装水平，又便于进行测量的部位，主要包括下列一些表面。

（1）设备底座的上平面，如摇臂钻床底座的工作面。

（2）设备的工作台面，如立式车床、立式钻床、铣床、刨床、插齿机、滚齿机、螺纹磨床的工作台面。

（3）设备的导轨面，如普通车床床身的导轨面。

（4）夹具或工件的支承面，如组合机床上夹具或工件的定位基准面。

初平是根据在设备精加工水平面上用水平仪测量设备的不平情况，通过调整垫铁进行的。如果设备水平度相差太大，可将低一侧的平垫铁换一块较厚的。若是可调垫铁，可在垫铁底部加一块钢板。如果水平度相差不大，可用打入斜垫铁的方法，逐步找平。哪一边低，打哪一边的斜垫铁，直至接近要求的水平度为止。

初平中，如果某一块斜垫铁打进去太多，外露长度太短时，应当换掉。因为在精平时，为了进一步调整水平，仍要用打入垫铁的方法。如果初平时，斜垫铁打入太多，精平时留量不够，那时就无法再调整了。

此外，由于水平仪是精密量具，初平中打垫铁时，一定要提起水平仪，以免震坏。

2.5.2　机电设备的精平

设备精平就是在初平的基础上对设备的水平度做进一步的调整，使之完全达到合格的程度。设备精平通常是在二次灌浆后进行的。

在一般情况下，设备总是要求调整成水平状态，也就是说，设备上的主要平面要与水平面平行。如果设备的水平度不符合要求，机床的基础将会产生较大的变形，进而导致与之配合或连接的零部件倾斜或变形，使设备的运动精度、加工精度降低，零部件磨损加快，使用寿命缩短。由于精平的好坏最终影响着设备的使用质量，所以它在安装工作中具有极其重要的作用。

设备精平的方法和初平时基本相同，但调整工作更细致，测量点更多，精度要求更高。下面以金属切削机床为例说明精平的方法。

（1）卧式车床和卧式镗床的精平。这两种机床都有具有一个较长的导轨和较短的工作台（或溜板）。精平时，可将水平仪放置在床身导轨上，在导轨两端（或多个位置上）进行纵横方向安装水平的调整测量，同时还要检验工作台（或溜板）的运动精度。也可直接将水平仪放在工作台（或溜板）上，在床身导轨的不同位置上测量其水平度。在进行上述调整时，应注意工作台（或溜板）移动对主轴回转中心线平行度的要求，也必须符合精度标准的规定。

（2）立式车床的精平。立式车床是具有圆形导轨的机床。精平时，可在工作台面上跨越工作台中心放置一铸铁平尺，铸铁平尺用等高垫铁支承（等高垫铁的跨距应不小于工作台半径），在铸铁平尺上放水平仪，分别测量纵横向水平。然后工作台回转 180°，再测量一次。误差分别以两次测量结果的代数和的 1/2 作为安装水平度误差。测量时，还应对立柱与工作台面的垂直度进行检验与调整。

（3）龙门刨床、龙门铣床、导轨磨床的精平。这几种机床都有很长的床身导轨。精平时，可将水平仪直接放在床身导轨上，在导轨两端（或在几个位置上）检验和调整机床的水平度；也可在床身导轨连接立柱处放水平仪进行检验和调整。无论使用哪种方法，在调整纵横向安装水平度的同时都要相应检验和调整床身导轨的其他精度。

2.6　二次灌浆

2.6.1　二次灌浆的定义及作用

1．二次灌浆的定义

基础浇灌时，预先留出安装地脚螺栓的孔（即预留孔），在设备安装时将地脚螺栓放入孔内，再灌入混凝土或水泥砂浆，使地脚螺栓固定，这种方法称为二次灌浆。

2．二次灌浆的作用

设备检测调整合格后，应尽快进行二次灌浆。二次灌浆层主要起防止垫板松动的作用。二次灌浆的混凝土与基础一样，只不过石子的大小应视二次灌浆层的厚度不同而适当选取。为了使二次灌浆层充满底座下面高度不大的空间，通常选用的石子都要比基础的小。

浇灌过程中应注意不要碰动垫板和设备。

3．浇灌砂浆

每台设备安装完毕，通过严格检查符合安装技术标准，并经有关单位审查合格后，即可进行灌浆。

灌浆就是将设备底座与基础表面的空隙及地脚螺栓孔用混凝土或砂浆灌满。其作用之一是固定垫铁（可调垫铁的活动部分不能浇固），另一作用是可传递一些设备负荷到基础上。

4．灌浆操作要点

（1）灌浆前，要把灌浆处用水冲洗干净，以保证新浇混凝土（或砂浆）与原混凝土牢固结合。

（2）灌浆一般采用细石混凝土（或水泥砂浆），其标号至少应比基础混凝土标号高一级，并且不低于 150 号。石子可根据缝隙大小选用 5～15mm 的粒径，水泥用 400 号或 500 号。

（3）灌浆时，应放一圈外模板，其边缘到设备底座边缘的距离一般不小于 60mm；如果设备底座下的整个面积不必全部灌浆，而且灌浆层需承受设备负荷时，还要放内模板，以保证灌浆层的质量。内模板到设备底座外缘的距离应大于 100mm，同时也不能小于底座底面边宽。灌浆层的高度，在底座外面应高于底座的底面。灌浆层的上表面应略有坡度（坡度向外），以防油、水流入设备底座。

（4）灌浆工作要连续进行，不能中断，要一次灌完。混凝土或砂浆要分层捣实。捣实时，不能集中在一处捣，要保持地脚螺栓和安装平面垂直。否则不仅会造成安装困难，而且也将影响设备精度。

（5）灌浆后要洒水养护，养护时间不少于一周；洒水次数以能保持混凝土具有足够的湿润状态为度。待混凝土养护达到其强度的 70%以上时，才允许拧紧地脚螺栓。混凝土达到其强度的 70%所需的时间与气温有关，可参考表 2-19。

表 2-19　混凝土达到 70%强度所需的天数

气温（℃）	5	10	15	20	25	30
需要天数	21	14	11	9	8	6

注：本表是指 500 号普通水泥拌制的混凝土。

5．灌浆注意事项

（1）设备找正、初平后必须及时灌浆，若超过 48h，就要重新检查该设备的标高、中心和水平度。

（2）灌浆层厚度不应小于 25mm，这样才能起固定垫铁或防止油、水进入等作用。

（3）一般二次灌浆的高度，最低要将垫铁灌没，最高不得超过地脚螺栓的螺母。

（4）如果是固定式的地脚螺栓，在二次灌浆时，一定要在螺栓护套内灌满浆。如果是活动式地脚螺栓，在二次灌浆时，则不能把灰浆灌到螺栓套筒内。

（5）灌浆层与设备底座底面接触要求较高时，应尽量采用膨胀水泥拌制的混凝土（或水泥砂浆）。

（6）放置模板时要特别小心，以免碰动设备。

（7）为使垫铁与设备底座底面、灌浆层接触良好，可采用压浆法施工。

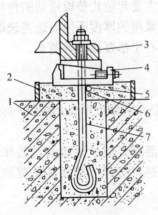

图 2-23　压浆法安装垫铁和
地脚螺栓示意图

1—基础或地坪；2—压浆层；
3—设备底座；4—调整垫铁；
5—小圆钢；6—点焊位置；
7—地脚螺栓

2.6.2　压浆法工艺过程

采用压浆法安装垫铁和地脚螺栓（图 2-23），可以有效地提高机床、垫铁和基础之间的接触刚度。压浆法的操作工艺过程如下。

（1）先在地脚螺栓上焊一根小圆钢，作为支承垫铁的托架。点焊的强度以保证压浆时能被胀脱为度。

（2）将焊有小圆钢的地脚螺栓串入设备底座的螺栓孔中。

（3）设备用临时垫铁组初步找正。

（4）将调整垫铁的升降块调至最低位置，并将垫铁放到小圆钢上，将地脚螺栓的螺母稍稍拧紧，使垫铁与设备底座紧密接触，暂时固定在正确位置。

（5）灌浆时，一般应先灌满地脚螺栓孔，待混凝土达到规定强度的 70%后，再灌垫铁下面的压浆层。压浆层的厚度一般为 30～50mm。

（6）压浆层达到初凝后期（手指按压，还能略有凹印）时，调整升降块，胀脱小圆钢，把压浆层压紧。

（7）压浆达到规定强度的 75% 后，拆除临时垫铁组，进行设备的最后精平。

（8）当不能利用地脚螺栓支承调整垫铁时，可采用螺钉或斜垫铁支承调整垫铁。待压浆层达到初凝后期时，松开调整螺钉或拆除斜垫铁，调整升降块，把压浆层压紧。

2.7　机电设备的四种安装方法

2.7.1　整体安装法

某些机电设备（如吊车等）可采用整体安装法。如安装桥式吊车时，如果先将它吊到轨道上，然后再进行组装、清洗，将给安装工作造成很多困难。因此这些设备应预先在地面上进行清洗、装配，组装成整体，而后吊装到基础上进行找正。

整体安装法的优点：可以减少不必要的高空作业，节省原材料，提高工作效率，缩短安装周期。在有条件的地方，还可将清洗和装配工作集中起来，进行专业化施工。

整体安装法的适用范围很广，除了用于桥式吊车安装外，对于高空设备的安装及化工设备中槽、罐、塔等的安装都有很好的效果。同时也适用于安装小型的单动设备。

2.7.2　座浆安装法

座浆安装法是在混凝土基础放置设备垫铁的位置上凿一个锅底形凹坑，然后浇灌无收缩混凝土（或无收缩水泥砂浆），并在其上放置垫铁，调好标高和水平度，养护 1～3 天后进行设备安装的一种新工艺。其优点是可以大大提高劳动生产率，并且由于增大了垫铁和混凝土的接触面积，新老混凝土结合牢固，从而提高了安装质量。

座浆安装法的操作步骤如下。

（1）座浆前，在安装设备垫铁的位置上，用风镐或其他工具凿一个锅底形凹坑，清除浮灰，用水冲洗，并除去积水。

（2）将事先做好的木模箱安置在垫铁位置上。木模箱的高度要求如图 2-24 所示，其长度和宽度是在垫铁的长度和宽度的基础上增加 60～80mm。

（3）座浆时，在木模箱内将砂浆捣实，达到表面平整并略有出水现象为止。座浆层厚度如图 2-25 所示。座浆用的水泥砂浆或混凝土按下列比例配制。

① 水泥（700 号）：砂：石：水 = 1:1:1:0.37；

② 防收缩剂：水泥：砂：水 = 1:1:1:0.4；

③ 水泥：砂：石：水 = 1:1:1:适量。

水灰比一般为 0.37～0.4，经试验证明用 0.37 比较适当。砂、石要用水洗净。搅拌用水应清洁。砂浆或混凝土应搅拌均匀。

（4）用水准仪和水平仪测定垫铁的标高和水平度，如有高低不平时，可调整垫铁下面的砂浆层厚度。

（5）每组用三块垫铁：一块平垫铁，约 10mm 厚；两块斜垫铁，斜度为 1/15。也可采用一块厚 2～3mm 的平垫铁和两块斜度为 1/50 的斜垫铁。

（6）一般在 36h 后即可进行设备安装。

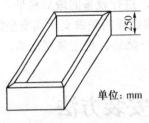

图 2-24　木模箱

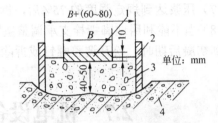

图 2-25　座浆层厚度

1—垫铁（B 为垫铁宽度）；2—模板；3—砂浆；4—基础

2.7.3　无垫铁安装法

无垫铁安装法是一种新的施工方法，由于它和有垫铁安装法相比具有许多优点，所以在机械设备安装中得到了推广。采用这种方法，不仅可以提高安装质量和效率，而且可以节约劳动力和大量钢材，特别是用于大型设备的安装时，效果更为显著。

1. 种类

根据拆除斜铁和垫铁的早晚，无垫铁安装法分为以下两种。

（1）混凝土早期强度承压法。它是当二次灌浆层混凝土凝固后，立即将斜铁和垫铁拆去，待混凝土达到一定强度时，才把地脚螺栓拧紧。这种方法可以得到比较满意的水平精度。但是，当拆垫铁时，往往容易产生水平误差。如果只是由于混凝土强度低、弹性模量小而出现水平误差，只需稍微调整地脚螺栓，即可得到理想的水平精度。

（2）混凝土后期强度承压法。它是当二次灌浆层养护期满后，才拆去斜铁和垫铁并拧紧地脚螺栓的。这种方法由于养护期较长，混凝土强度较高，其弹性模量较大，在压力作用下，其变形较小。采用这种方法，当拆去垫铁和斜铁时，不易产生水平误差，但是如果出现水平误差，则不易调整。因此，这种安装方法一般适用于对水平度要求不太严格的设备的安装。

2. 安装过程

无垫铁安装法的安装过程和有垫铁安装法大致一样。所不同的是无垫铁安装法的找正、找平、找标高的调整工作是利用斜铁和垫铁进行的。而当调整工作做完，地脚螺栓拧紧后，进行二次灌浆。当二次灌浆层达到要求的强度后，便把垫铁和斜铁（即只做调整用的垫铁和斜铁）拆去。然后再将其所空出来的位置灌以水泥砂浆，并再次拧紧地脚螺栓，同时复查标高、水平度和中心线。

3. 安装注意事项

（1）无垫铁安装法必须根据安装人员的技术熟练程度和设备的具体情况（如振动力的大小等），认真地加以考虑后选用，并且还要得到土建部门的密切配合。特别应当指出，无垫铁安装法不适用于某些在生产过程中经常要调整精度的精密镗床和龙门刨床，这类机床一般出厂时都带有设计规定的可调垫铁。

（2）无垫铁安装法所用的找平工具为斜铁和平垫铁。斜铁的规格如图 2-26 所示。

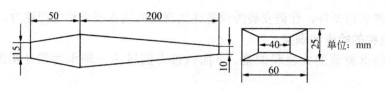

图 2-26　斜铁的规格

（3）安装前，设备的基础应经过验收，垫斜铁处应铲平，并在斜铁下垫平垫铁。平垫铁的宽度与斜铁相等，长度约等于斜铁的 1/2，厚度则根据标高而定。

（4）设备底座若是空心的，应设法在安装前灌满浆，或在二次灌浆时采用压力灌浆法。

（5）设备找平、找正后，用力拧紧地脚螺栓的螺母，将斜铁压紧。

（6）安装结束到二次灌浆的时间间隔，不应超过 24h。如果超过，在灌浆前应重新检查。

（7）灌浆前在斜铁周围要支上木模箱，以便以后取出斜铁。

（8）灌浆时，应注意用力捣实水泥砂浆。水泥砂浆的标号为 170～200 号。二次灌浆层的高度原则上应不低于 100mm，一般机床则不低于 60mm。

（9）等到二次灌浆层达到要求的强度后，才允许抽出斜铁。

2.7.4　三点安装法

三点安装法（图 2-27）是一种快速找平的安装方法，其操作步骤如下。

（1）在机电设备底座下选择适当的位置，放上三块斜铁（或千斤顶）。由于设备底座只有三个点与斜铁接触，恰好组成一个平面，所以调整三个点的高度，很容易达到所要求的设备安装精度。调整好后，使标高略高于设计标高 1～2mm。

（2）将永久垫铁放入所要求的位置，其松紧度以锤子能轻轻敲入为准，并要求全部永久垫铁都具有一样的松紧度。

（3）将斜铁拆除，使机座落在永久垫铁上。拧紧地脚螺栓，并检查设备的标高和水平度及垫铁的松紧度。合格后，进行二次灌浆。

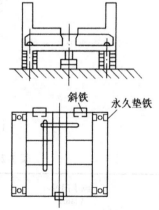

图 2-27　三点安装法

采用三点安装法找平、找正时，应注意选择斜铁（或千斤顶）的位置，要使设备的重心在所选三点的范围内，以保持设备的稳定。如果不稳定，可增加辅助斜铁，但这些辅助斜铁不起主要调整作用。同时要注意使斜铁或垫铁具有足够的面积，以保证三点处的基础不被破坏。

2.8　机电设备的工程验收

2.8.1　机电设备的检验和调整

机电设备安装后，需对安装设备进行检验和调整。检验的目的在于检查部件的装配工艺是否正确，检查安装的设备是否符合设计图样的规定。凡检查出不符合规定的地方都要进行调整，为试运转创造条件，保证安装的设备达到规定的技术要求和生产能力。

1．转动机构的检查和调整

（1）滚动轴承游隙的检验和调整。下面以推力圆锥滚子轴承为例介绍游隙的检验和调整。

圆锥滚子轴承的游隙大小决定于外圈靠近滚动体的程度,安装后必须根据技术要求进行调整。游隙过小，会加剧轴承的磨损；游隙过大，则会产生附加冲击载荷。

调整游隙可采用移动外圈或内圈的方法。移动外圈时，将如图 2-28（a）所示的原有的垫片抽掉，用螺钉均匀地拧紧压盖，同时用手缓缓转动轴，以便滚动体都处在正确位置，拧紧至轴转动时有发紧感觉为止。这时，轴承游隙为零，然后用塞尺测量缝隙 K 的大小，再由表 2-20、表 2-21、表 2-22 中查出所需要的轴向游隙值（此游隙是为了便于检查使用，经过换算而取得的值），便得到调整需要的垫片厚度。再将垫片放在压盖的下面，即可使轴承外圈和滚动体之间得到所需的游隙。

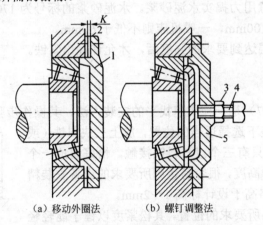

（a）移动外圈法　　　　（b）螺钉调整法

图 2-28　圆锥滚子轴承游隙的调整方法

1—轴承压盖；2—垫片；3—螺母；4—螺钉；5—盖板

表 2-20　圆锥滚子轴承（7000 型）轴向游隙的近似值

轴承内径	轴向游隙（mm）	
（mm）	轻　型	轻宽型、中型和中宽型
≤30	0.03～0.10	0.04～0.11
30～50	0.04～0.11	0.05～0.13
50～80	0.05～0.13	0.06～0.15
80～120	0.06～0.15	0.08～0.18

表 2-21　分离型角接触球轴承（6000 型）轴向游隙的近似值

轴承内径	轴向游隙（mm）	
（mm）	轻　型	轻宽型、中型和中宽型
≤30	0.02～0.06	0.03～0.09
30～50	0.03～0.09	0.04～0.10

续表

轴承内径 （mm）	轴向游隙（mm）	
	轻　型	轻宽型、中型和中宽型
50～80	0.04～0.10	0.05～0.12
80～120	0.05～0.12	0.06～0.15

表 2-22　双向推力球轴承（38000 型）轴向游隙的近似值

轴承内径 （mm）	轴向游隙（mm）	
	轻　型	中型和重型
≤30	0.03～0.08	0.05～0.11
30～50	0.04～0.10	0.06～0.12
50～80	0.05～0.12	0.07～0.14
80～120	0.06～0.15	0.10～0.18

　　用螺钉调整游隙时 [图 2-28（b）]，应先松开螺母，拧紧螺钉，抵住盖板，使轴承游隙消除；然后再根据螺钉的螺距大小将螺钉向反方向旋转。例如，当螺距为 1mm 时，为了得到 0.1mm 的轴向游隙，就必须将螺钉旋转 1/10 周。

　　用同样的方法，也可移动内圈来调整游隙。

　　（2）滑动轴承的检验和调整。滑动轴承的检验和调整分为轴瓦与轴颈接触面的检验和调整，轴瓦和轴颈间隙的确定和检验两部分，现分述如下。

　　① 轴瓦与轴颈接触面的检验和调整。轴瓦与轴颈的接触要求均匀，而且分布面要广，因此必须认真检查和调整。一般的轴承要求其轴瓦与轴颈应在 60°～90°的范围内接触，并达到每 25mm × 25mm 不少于 15～25 点。

　　② 轴瓦与轴颈间隙的确定。

　　● 根据设计图样的要求确定。

　　● 根据计算确定。

　　轴承的顶间隙 a（单位：mm）为

$$a = Kd$$

式中　K——系数，见表 2-23；

　　　　d——轴的直径（单位：mm）。

　　一般情况下，轴承的侧间隙（图 2-29 和图 2-30）可采用 $b = a$；顶间隙较大时，采用 $b = a/2$；顶间隙较小时，采用 $b = 2a$。

表 2-23　不同类别的轴承的 K 值

编号	类　别	K
1	一般精密机床轴承或 5（IT5）级配合精密度的轴承	≥0.0005
2	6（IT6）级配合精密度的轴承，如电机类	0.001
3	一般冶金机械设备轴承	0.002～0.003
4	粗糙机械设备轴承	0.0035
5	透平机三类轴承：圆形瓦孔 　　　　　　　　椭圆形瓦孔	0.002 0.001

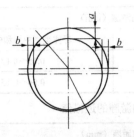

图 2-29　圆形瓦孔的侧间隙

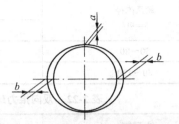

图 2-30　椭圆形瓦孔的侧间隙

● 根据经验数据（查表）确定。现将常用的几种轴承的顶间隙列于表 2-24～表 2-28 中，以做参考。

表 2-24　高精密轴承的顶间隙（$a = Kd$）

润滑条件及工作性质	K
油环润滑轴承	0.0007～0.001
压力给油润滑	0.0005～0.0007

表 2-25　合金轴承的顶间隙（转速不低于 500r/min）

直径（mm）	间隙（mm）	直径（mm）	间隙（mm）
18～30	0.04	120～180	0.08
30～50	0.05	180～260	0.10
50～80	0.06	260～360	0.12
80～120	0.07	360～500	0.14

表 2-26　内燃机合金轴承的顶间隙

直径（mm）	间隙（mm）	直径（mm）	间隙（mm）
50～80	0.007～0.008	180～260	0.15～0.20
80～120	0.09～0.11	260～360	0.23～0.26
120～180	0.13～0.15	—	—

表 2-27　锻压机械设备轴承的顶间隙

轴的直径（mm）	间隙（mm）	轴的直径（mm）	间隙（mm）
100～150	0.1～0.15	500～550	0.5～0.55
200～250	0.2～0.25	600～650	0.6～0.65
300～350	0.3～0.35	700～750	0.7～0.75
400～450	0.4～0.45	800～1000	0.8～1.00

表 2-28　空气压缩机曲柄轴承的顶间隙

直径（mm）	间隙（mm）
≤50	0.1～0.15
50～150	0.15～0.20
150～300	≥0.20

③ 轴瓦与轴颈间隙的检验。

● 塞尺检验法。直径较大的轴承，用宽度较小的塞尺塞入间隙里，可直接测量出轴承间隙的大小（图 2-31）。轴套轴承间隙的检验一般都采用这种方法。但直径小的轴承，其间隙也小，所以测量出来的间隙不够准确，往往小于实际间隙。

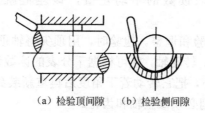

（a）检验顶间隙　（b）检验侧间隙

图 2-31　用塞尺检验轴承的间隙

● 压铅检验法。此法比塞尺法准确，但较费时间。所用铅丝不能太粗也不能太细，其直径最好为间隙的 1.5～2 倍，而且要柔软并经过热处理。

检验时，先将轴承盖打开，把铅丝放在轴颈和轴承的上下瓦接合处（图 2-32）；然后把轴承盖盖上，并均匀地拧紧轴承盖上的螺钉；然后再松开螺钉，取下轴承盖，用千分尺测量压扁铅丝的厚度，并用下列公式计算出轴承的顶间隙（单位：mm）

$$顶间隙 = (b_1 + b_2)/2 - (a_1 + a_2 + a_3 + a_4)/4$$

所放铅丝的数量可根据轴承的大小而定。但 a_1，a_2，a_3，a_4，b_1，b_2 各处应均有铅丝，不能只在 b_1，b_2 处放，而在 a_1，a_2，a_3，a_4 处不放。如这样做，所检验出的结果将不会准确（所得数值常比实际的间隙大）。

轴承的侧间隙仍需用塞尺进行测量。

● 千分尺检验法。用千分尺测量轴承孔和轴颈的尺寸时，在长度方向要选两个或三个位置进行测量，直径方向要选两个位置进行测量（图 2-33），然后分别求出轴承孔

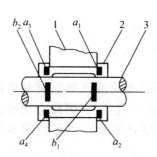

图 2-32　轴承间隙的压铅检验法

1—轴承座；2—轴瓦；3—轴

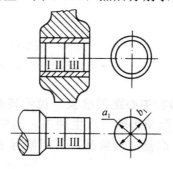

图 2-33　千分尺检验法检验轴套轴承间隙

径和轴径的平均值，两者之差就是轴承的间隙。

采用千分尺检验轴套轴承的间隙比采用塞尺法或压铅法更为准确。

2．传动机构的检验和调整

（1）齿轮传动的检验和调整。

① 齿轮径向圆跳动的检验。

● 齿轮压装后可用软金属锤敲击的方法检查齿轮是否有径向圆跳动。

● 用千分表检验齿轮在轴上的径向圆跳动［图 2-34（a）］时，将轴放在平板上的 V 形架上，调整 V 形架，使轴的轴心线和平板平行；再把检验棒放在齿轮的轮齿间，把千分表的触头抵在检验棒上，即可从千分表上得出一个读数；然后转动轴，并把千分表放在相隔 3～4 个齿的齿间进行检验，又可在千分表上得出一个读数。如此便可确定在整个齿轮上千分表读数的平均差值，该差值就是齿轮分度圆上的径向圆跳动。

② 齿轮端面圆跳动的检验和调整。检验时，用顶尖将轴顶在中间，把千分表的触头抵在齿轮端面上［图 2-34（b）］，转动轴，便可根据千分表的读数计算出齿轮的端面圆跳动量。如跳动量过大，可将齿轮拆下，把它转动若干角度后再重新装到轴上，以减少跳动量。如果重装了以后还达不到要求，则必须修整轴和齿轮。

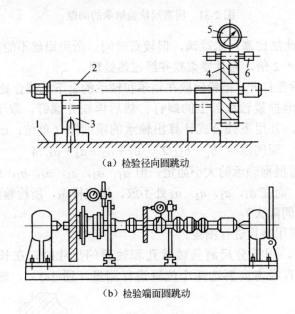

（a）检验径向圆跳动

（b）检验端面圆跳动

图 2-34　检验压装后齿轮的跳动量

1—检验平板；2—轴；3—V 形架；4—被检验齿轮；5—千分表；6—检验棒

③ 齿轮中心距的检验。齿轮装配时，两轮中心距的准确度直接影响着轮齿间隙的大小，甚至使运转时产生冲击、加快齿轮的磨损或使齿"咬住"，因此必须对齿轮的中心距进行检验。检验时，可用游标卡尺和内径千分尺进行测量，也可使用专门工具进行检验。

④ 齿轮轴线间平行度和倾斜度的检验和调整。传动齿轮轴线间所允许的平行度和倾斜度由齿轮的模数决定。对于第一级的各种不同宽度的齿轮来说，当模数为 1～20mm 时，

在等于齿轮宽度的轴线长度内，轴线最大的平行度误差不得超过 0.002～0.020mm。在四级精度的齿轮中，最大平行度误差不得超过 0.05～0.12mm，最大倾斜度误差不得超过 0.035～0.08mm。

如果齿轮轴心线的平行度或倾斜度超出了规定范围，则必须调整轴承位置或重新镗孔，或者利用装偏心套等方法消除误差。

⑤ 齿轮啮合质量的检验和调整。传动机构装配后，齿轮的啮合质量检验主要是进行齿侧间隙和接触面积的检验。

检验齿侧间隙一般采用压铅法或塞尺法。各种传动形式啮合的齿侧间隙见表 2-29～表 2-31。

表 2-29　圆柱齿轮的齿侧间隙

精度等级	模数（mm）	两轮的中心距（mm）											
		< 300		300～500		500～1000		1000～1600		1600～2400		>2400	
		齿侧间隙（mm）											
		最小值	最大值	最小值	最大值	最小值	最大值	最小值	最大值	最小值	最大值	最小值	最大值
2	<10	0.10	0.50	0.15	0.60	0.20	0.70	0.30	1.00	—	—	—	—
	≥10	0.15	0.70	0.20	0.90	0.25	1.10	0.35	1.30	0.40	1.50	—	—
3	<10	0.15	0.70	0.20	0.90	0.25	1.20	0.30	1.50	—	—	—	—
	10～24	0.20	1.00	0.25	1.20	0.30	1.45	0.40	1.60	0.50	2.00	—	—
	>24	—	—	0.30	1.45	0.40	1.70	0.50	2.00	0.60	2.30	0.70	2.70
4	<24	0.30	2.00	0.40	2.20	0.50	2.60	0.60	3.00	0.80	2.90	1.00	4.00
	≥24	—	—	—	—	0.70	3.30	0.90	3.80	1.20	4.40	1.40	5.20

表 2-30　圆锥齿轮的齿侧间隙（齿大端的）

精度等级	模数（mm）	齿侧间隙（mm）	
		最小值	最大值
3	<5	0.20	0.75
	5～10	0.25	0.85
	>10	0.30	0.90
4	<10	0.30	1.10
	10～16	0.40	1.20
	>16	0.50	1.40

表 2-31 蜗轮的齿侧间隙 单位：mm

精度等级	中心距 \ 模数	C_{min} <1	C_{max} 1~1.25	1.25~4	4~6	6~10	10~14	14~20
1	25~75	0.04	0.18	0.20	0.22	0.24	—	—
	75~150	0.06	0.20	0.22	0.25	0.28	—	—
	150~300	0.09	0.24	0.26	0.30	0.34	—	—
	300~500	0.14	0.30	0.34	0.36	0.40	—	—
	500~800	0.22	—	0.40	0.45	0.45	—	—
	800~1150	0.30	—	—	—	0.55	—	—
2	25~75	0.06	0.28	0.32	0.40	0.55	—	—
	75~150	0.09	0.32	0.38	0.45	0.60	0.75	0.95
	150~300	0.15	0.38	0.45	0.55	0.65	0.80	1.00
	300~500	0.24	0.45	0.55	0.60	0.70	0.90	1.10
	500~800	0.35	—	0.65	0.70	0.80	1.00	1.20
	800~1150	0.50	—	—	—	1.00	1.20	1.40
3	25~75	0.07	0.40	0.45	0.55	0.65	—	—
	75~150	0.10	0.45	0.55	0.60	0.70	0.80	0.90
	150~300	0.16	0.50	0.60	0.70	0.80	0.90	1.00
	300~500	0.24	0.60	0.70	0.80	0.90	1.00	1.20
	500~800	0.36	—	0.85	0.95	1.10	1.20	1.40
	800~1150	0.50	—	—	—	1.30	1.40	1.60
4	25~75	0.07	—	0.55	0.60	0.70	—	—
	75~150	0.90	—	0.60	0.65	0.75	0.85	0.90
	150~300	0.12	—	0.70	0.75	0.85	0.95	1.10
	300~500	0.18	—	0.80	0.85	0.95	1.10	1.30
	500~800	0.24	—	0.90	1.00	1.10	1.20	1.40
	800~1150	0.32	—	—	—	1.30	1.50	1.70

注：表中"C_{min}"表示最小齿侧间隙；"C_{max}"表示最大齿侧间隙。

可采用涂色法检验齿轮啮合的接触面积。检验时，在小齿轮面上薄薄地涂上一层红铅油，按工作方向转动齿轮，便在另一齿轮的齿面上留下痕迹。两齿的接触面越大，则表示齿轮制造和装配得越好。

齿轮正常啮合时，接触面应均匀地分布在齿的工作面的中心线上，并能达到表 2-32 中所列的接触面积。如果接触面积太小，可在齿面上加研磨剂进行研磨，以扩大接触面积。

表 2-32 齿轮啮合的接触面积

传动形式和测量位置		精度等级		
		2	3	4
		接触面积不小于的百分数（%）		
圆柱齿轮传动	在齿长上	75~80	65~70	单个的接触点
	在齿高上	40~45	30~35	
圆锥齿轮传动	在齿长上	60	60	50
	在齿高上	40	25	20
蜗杆传动	在齿长上	65	50	30
	在齿高上	60	60	60

（2）联轴器传动机构的检验和调整。联轴器是将两个同心轴牢固地连接在一起的机构。

联轴器传动机构检验和调整的目的主要是保证两轴的同轴度和联轴器间的端面间隙。

联轴器的种类很多，主要有滑块联轴器、齿式联轴器、弹性柱销联轴器、凸缘联轴器等。这些联轴器的结构、性能、特点和使用情况可参阅有关技术书籍和资料，这里仅介绍四种联轴器检验的技术要求。

① 滑块联轴器。滑块联轴器两轴的同轴度要求见表 2-33。当滑块联轴器的外形最大直径 D 不超过 190mm 时，其端面间隙为 0.5～0.8mm，超过 190mm 时为 1～1.5mm。

② 齿式联轴器。它两轴的同轴度和外齿轴套端面处的间隙见表 2-34。

③ 弹性柱销联轴器。弹性柱销联轴器两轴的同轴度见表 2-35，其端面间隙见表 2-36。

④ 凸缘联轴器。凸缘联轴器装配后，两个半联轴器端面间应紧密接触，两轴的径向位移不得超过 0.03mm。

表 2-33　滑块联轴器两轴的同轴度

外形最大直径 D（mm）	两轴的同轴度不应超过的值	
	径向位移（mm）	倾斜度
≤300	0.1	0.8/1000
300～600	0.2	1.2/1000

表 2-34　齿式联轴器两轴的同轴度和外齿轴套端面处的间隙

外形最大直径 D（mm）	两轴的同轴度不应超过的值		端面间隙 C 不应小于的值（mm）
	径向位移（mm）	倾斜度	
170～185 220～250	0.30 0.45	0.5/1000	2.5 2.5
290～430	0.65	1.0/1000	5.0
490～590 680～780	0.90 1.20	1.5/1000	5.0 7.5
900～1 100 1250	1.50 1.50	2.1/1000	10 15

表 2-35　弹性柱销联轴器两轴的同轴度

外形最大直径 D（mm）	两轴的同轴度不应超过的值	
	径向位移（mm）	倾斜度
105～260 290～500	0.05 0.10	0.2/1000

表 2-36　弹性柱销联轴器的端面间隙

轴孔直径 d（mm）	标准型			轻型		
	型号	外形最大直径 D（mm）	间隙 C（mm）	型号	外形最大直径 D（mm）	间隙 C（mm）
25～28	B1	120	1～5	Q1	105	1～4
30～38	B2	140	1～5	Q2	120	1～4
35～45	B3	170	2～6	Q3	145	1～4
40～55	B4	190	2～6	Q4	170	1～5
45～65	B5	220	2～6	Q5	200	1～5
50～75	B6	260	2～8	Q6	240	2～6

续表

轴孔直径 d(mm)	标准型			轻型		
	型号	外形最大直径 D（mm）	间隙 C（mm）	型号	外形最大直径 D（mm）	间隙 C（mm）
70~90	B7	330	2~10	Q7	290	2~6
80~120	B8	410	2~12	Q8	350	2~8
100~150	B9	500	2~15	Q9	440	2~10

转速高的联轴器，需要进行平衡。装配时，应先称螺栓的质量，然后在圆周上平均配置，不能一侧重另一侧轻。有些联轴器，由于在制造时有偏心，在试运转中有振动，这时可以卸开联轴器，检查两个半联轴器的偏心情况，使偏心部分相对称连接。

3．运动变换机构的检验和调整

零件或部件沿导轨的移动大部分是利用丝杠副来实现的。在某些情况下，也通过齿轮和齿条得到，但利用液压传动机构的也越来越多，这些机构的作用是将旋转运动变换为直线运动。

（1）螺旋机构的检验。

① 对螺旋机构的技术要求。

● 机构的零件必须制造得很精确。

● 装配时，必须使丝杠的轴线和导轨面平行，并且在工作时丝杠的轴线也不应偏移。

● 不论螺母处于任何位置，丝杠的轴线都必须和螺母的轴线一致。

② 螺旋机构的检验方法。

● 丝杠轴线位置的检验。螺旋机构装配后，须按照导轨的水平面和垂直面来检验丝杠轴线的位置。检验时，把千分表装在专用检验装置上（例如，车床的尾座滑板可代替专用检验装置），千分表的触头先后抵住丝杠的上母线和侧母线，分别在前支承 A 和后支承 B ［图 2-35（a）］处检查。根据千分表两次测量的读数差求出误差，其允许误差不得超过 0.1~0.2mm。

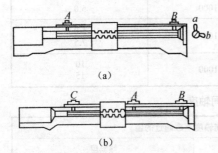

图 2-35　检验装配好的螺旋机构

● 螺母和丝杠轴心线误差的检验。检验方法和丝杠轴线位置的检验相同。检验时，将溜板箱放在中间位置，分别在丝杠两端 B，C 和中间 A 处进行测量［图 2-35（b）］，所得误差为 $\Delta = A - B$，或 $\Delta = A - C$。允许误差为 0.15~0.2mm。

（2）液压传动系统的检查和调整。

① 对液压传动系统的要求。

● 液压传动系统各个零件的接合处不许漏油。

● 液压传动系统各环节的密封要可靠，以防空气进入。

● 所有零件的内表面均须光洁（没有任何污痕、金属屑、锈蚀等），因为脏污会使系统各个接合面的配合遭到破坏。

● 液压驱动装置不论哪个方向的动作都必须均匀协调。

② 液压传动系统工作中常见的故障、产生原因及消除方法见表 2-37。

表 2-37　液压传动系统工作中常见的故障、产生原因及消除方法

故障	产生原因	消除方法
工作台进给不匀,产生促动和振动	液压泵排油不匀(一般伴有响声或撞击声)	叶片、活塞可能损坏,应拆开液压泵进行修理
	空气混入油路	排出空气
	安全阀或溢流阀调节不准	重新调节
	机械上有毛病(如液压泵轴承套筒上发毛、工作台与导轨间由于摩擦力而咬住、活塞杆弯曲等)	针对故障产生原因酌情处理
液流不畅	油管接头处漏油	可收紧管接头处的螺母,若仍无效,则须拆开接头,检查管子末端是否有断裂处,如有,则须修换
	压力阀有咬损现象	洗净后,将其接合面研光
	方向阀调节不对	重新调整
	安全阀性能不佳	在安全阀上装置油压表检查其性能,检查后将油压表移去
	活塞漏油	拆开液压缸调换活塞环或皮碗。若油缸磨损太多,则须重新研光
自动循环失灵(如加工作台不快进也不快退,不按时进给,进给后不能自动退回等)	电气装置接触不良,阀的调节不当;方向滑阀及压力阀在打开位置或关闭位置咬住;操纵方向滑阀的线圈电路中的电压低方向滑阀及弹簧断裂或咬住	修理电气装置和机械上的故障,调整各阀
	方向滑阀承受高压的时间延长	拆开研磨,使阀杆光洁、开闭准确

4. 密封性能的试验方法及步骤

在机械使用中,由于密封失效,常常出现三漏(漏油、漏水、漏气)现象。这种现象轻则造成物质浪费和降低机械的工作效能,并造成环境污染等不良后果;重则可能造成严重事故。因此,保持机械的良好密封性能极为重要。

密封装置依其工作状态的不同,通常可分为静密封装置与动密封装置两大类。

被密封部位的两个耦合件之间不存在相对运动的密封装置,统称为静密封装置。此种密封装置通常是将密封元件或密封涂料置于两耦合平面(如箱体结合面、法兰面、机器或阀类的结合面等)之间,用螺栓或其他紧固方法连接构成。静密封装置所采用的密封元件或涂料主要是 O 形密封圈、衬垫和液体密封胶等。

被密封部位的两个耦合件之间具有相对运动的密封装置,统称为动密封装置。根据相对运动的特点,动密封装置又分为往复运动式密封装置和旋转运动式密封装置。在现代传动中,动密封装置的结构形式很多,但最常用的是 O 形密封圈密封、填料密封、油封、唇形密封和机械密封等。

(1)衬垫密封的装配。衬垫密封只适用于静密封。垫片的材料根据密封介质和工作条件选择,见表 2-38。衬垫(平垫圈)的尺寸选择见表 2-39。衬垫装配时,要注意密封面的平整和清洁,装配位置要正确,不得有错位或歪斜,要有合适的装配紧度。压紧度不足,容易引起泄漏;压紧度过大,会使垫片丧失弹力,引起早期失效。维修时,如发现垫片失去了弹性或已破裂,应及时更换。

表 2-38　衬垫材料

密封对象	工作条件		密封材料
	温度<（℃）	压强<（×10⁵Pa）	
水和中性盐溶液	12 60 150 100 30	4 6 10 16 160	厚纸垫 橡皮和橡胶绳 带布衬的橡胶垫 浸油厚纸垫 石棉橡胶板和石棉金属板垫
蒸汽	120 300 450 　 470	4 40 50 — 100	厚纸垫 石棉金属板垫 石棉橡胶垫 紫铜或铅垫 低碳钢垫
空气和稀有气体	60 150 450 — 120	6 10 50 — 300	橡胶垫和橡胶绳 带布衬的橡胶垫 石棉橡胶垫 铅油纸垫 紫铜垫 低碳钢垫
石油产品			厚纸垫 石棉橡胶垫 耐油橡胶垫 紫铜垫

表 2-39　平垫圈的尺寸规格　　　　　　　　　　　　　　　　　　单位：mm

螺纹直径			6	8	10	12	14	16	18	20	22	24	27	30	36	42	48
纸皮石棉垫圈	内　径		6	8	10	12	14	16	18	20	22	24	27	30	36	42	48
	外　径		12	15	18	20	22	25	28	30	32	35	40	45	50	60	65
	厚度	纸垫	2									3					
		皮垫	2									2.5			3		
橡皮垫圈	内　径		7	9	11	13	15	17	19	21	23	25	28	31	38	44	50
	外　径		14	18	22	28	30	34	38	40	44	46	52	55	68	80	90
	厚　度		2					3					4				

（2）填料密封的装配（图 2-36）。填料密封的装配工艺要点如下。

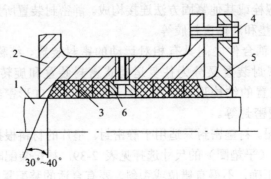

图 2-36　填料密封的装配

1—主轴；2—壳体；3—软填料；4—螺钉；5—压盖；6—孔环

① 软填料是一圈圈分开的，各圈在轴上不要强行张开，以免产生局部扭曲或断裂。相邻两圈的切口应错开 180°。软填料也可以做成整条，在轴上缠绕成螺旋形。

② 当壳体为整体圆筒时，可用专门工具把软填料推入孔内。

③ 软填料由压盖压紧。为了使压力沿轴向分布尽可能均匀，以保证密封性能和均匀磨损，装配时，应由左到右逐步压紧。

④ 压紧螺钉至少有两只，必须轮流逐步拧紧，以保证圆周力均匀。同时用手转动主轴，检查其接触的松紧程度。要避免压紧后再次松出。此类密封在负荷运转时，允许有少量泄漏。运转后继续观察，如泄漏增加，应再缓慢均匀拧紧压盖螺钉（一般每次再拧进 1/6～1/2 圈），但不能为争取完全不漏而压得太紧，以免摩擦功率消耗太大而发热烧坏。填料密封是允许极少量泄漏的。

（3）油封装配。目前，在旋转运动式密封装置中，油封应用极其广泛，用以防止工作介质的泄漏和防止灰尘、水及空气侵入工作机体内部。油封的结构比较简单，一般由三部分组成（图 2-37），即油封体、金属骨架、压紧弹簧。油封体按不同部位又分为底部、腰部、刃口和密封唇等，其中密封唇、刃口是关键。由于在密封唇与轴之间存在着由刃口控制的流动力学油膜而达到密封效果。腰部维持必要的弹性，以保证适应轴在运转中可能产生的偏心与浮动。金属骨架的作用在于增大油封的刚度，防止橡胶塑性变形，并使之便于装配。压紧弹簧的作用在于箍紧唇部，使唇对轴具有适当的压力，以保证良好的密封性能，并可在刃口遭到磨损时自动补偿。

油封装配时，应使油封的安装偏心量和油封与轴心线的相交度最小，同时要防止油封刃口受伤和使压紧弹簧有合适的拉紧力。其装配要点如下。

① 检查油封孔、座孔和轴的尺寸，座孔和轴的表面光洁度是否符合要求，密封唇部有无损伤。

② 在油封外圈或壳体孔中涂少量润滑油，采用专用工具将油封压入座孔内，绝对禁止棒打锤敲的粗野做法。压入油封时，要注意使油封与壳体孔对准，不可偏斜。座孔边倒角要大些。

③ 注意密封正确的装配位置和方向。油封装配时，应利用介质工作压力把密封唇部紧压在轴上，不可反装。如将油封用作防尘时，则应使唇部背向轴承；如需同时解决防漏和防尘，应采用双面油封。

④ 油封装入座孔后，应随即将其套入密封轴上，此时要特别注意保护油封刃口，使其通过螺纹、键槽、花键等时，不受划伤，应采用专用工具（导向套）套入轴上。装配时，一定要在轴上与油封刃口处涂润滑油，防止油封在初运转时，发生干摩擦而使刃口烧坏。此时，尤其要注意的是，严防油封弹簧脱落。

（4）O 形密封圈的装配。密封元件中用得最早、最多、最普遍的是 O 形密封圈，号称"密封之王"。O 形密封圈既可用于静密封，也可用于动密封。它是用橡胶制成的断面为圆形的实心圆环（图 2-38）。用它填塞在泄漏的通道上，阻止流体泄漏。

O 形密封圈的安装质量对 O 形密封圈的密封性与寿命均有重要影响。实践证明，使用中发生的很多泄漏问题往往是由于安装不良造成的。O 形密封圈在装配时要注意以下几点。

① 装配前须将 O 形密封圈涂润滑油。装配时，轴端和孔端应有 15°～30° 的引入角。当 O 形密封圈需通过螺纹、键槽或锐边、尖角部位时，应采用装配导向套。

② 注意 O 形密封圈挡圈的安装方向。当工作压力超过一定值需用挡圈时，应特别注意挡圈的安装方向。单边受压，装于反侧，切勿装错。

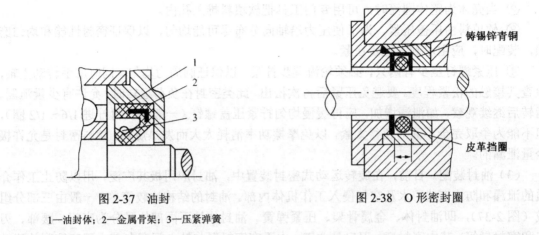

图 2-37　油封

1—油封体；2—金属骨架；3—压紧弹簧

图 2-38　O 形密封圈

③ 切勿漏装 O 形密封圈，特别是由平面静密封圈而造成的漏油现象，也是常常发生的。因此，在装配时，预先把需装的 O 形密封圈如数放好，放入油中，装配完毕，如有剩余的 O 形密封圈，必须检查重装。

④ 防止报废 O 形密封圈的再次使用。安装时换下来的或安装过程中弄废的 O 形密封圈，一定立即剪断收回。为了防止浪费，从地上收集到的 O 形密封圈，必须仔细检查，确认合格后，才能留用。

⑤ 密封装置固定螺孔深度要足够，否则两密封平面不能紧固封严，产生泄漏，或在高压下把 O 形密封圈挤坏。

（5）唇形密封圈装配。唇形密封装置的元件是唇形密封圈。唇形密封圈的应用范围很广，既适用于大、中、小直径的活塞和柱塞的密封，也适用于高、低速往复运动和低速旋转运动的密封。它的种类很多，主要有 V 形、Y 形、U 形、L 形和 T 形等。

唇形密封装置示例如图 2-39 所示。此装置采用的是 V 形密封圈。V 形密封圈是唇形密封圈中应用最早、最广泛的一种。根据采用的材质不同，V 形密封圈有很多种。目前，我国采用最多的是 V 形夹织物橡胶密封圈，它由一个压环、数个重叠的密封环和一个支承环组成，如图 2-39（a）所示。在使用时必须将这三部分有机地组合起来，不能单独使用，如图 3-39（b）所示。V 形密封件唇部外径大于空腔的内径，唇的内径小于轴的直径，装配后，接触面上有一定压力。使接触面上压力增大，密封性能增加。在 V 形密封装配中真正起密封作用的是密封环，而压环和支承环仅仅起支承作用。

唇形密封圈的装配方法与质量与其密封性能和使用寿命有着十分密切的关系。因此，唇形密封圈的装配应按一定要求进行。

① 唇形密封圈在安装前，首先应仔细检查密封圈是否符合质量要求，特别是唇口处不应有损伤、缺陷等。其次仔细检查被密封部位相关尺寸精度和表面粗糙度是否达到要求，否则是达不到预期效果的。

② 安装唇形密封圈的有关部位，如缸筒和活塞杆的端部，均需倒成 15°～30° 的倒角，以避免在安装过程中损伤唇形圈唇部。

③ 在安装唇形密封圈时，如需通过螺纹表面和退刀槽，必须在通过部位套上专用套筒，

或在设计时，使螺纹和退刀槽的直径小于唇形密封圈内径。反之，如需通过内螺纹表面和孔口，必须使通过部位的内径大于唇形密封圈的外径或加工出倒角。

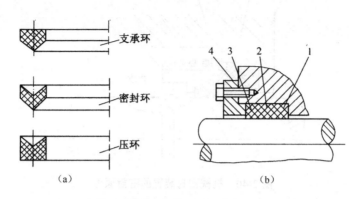

图 2-39　V 形密封圈

1—支承环；2—密封环；3—压环；4—调整垫圈

④ 为减小装配阻力，应将唇形密封圈与装入部位涂敷润滑脂。

⑤ 应尽力避免使其有过大的拉伸，以免引起塑性变形。当装配现场温度较低时，为便于安装，可将唇形密封圈放入 60℃ 左右的热油中加热，切不可超过唇形密封圈的使用温度。

⑥ 当工作压力超过 $200 \times 10^5 Pa$ 时，除复合唇形密封圈外，均须加挡圈，以防唇形密封圈的间隙挤出。挡圈均应装在唇形密封圈的根部一侧，当其随同唇形密封圈向缸筒里装入时，为防止挡圈斜切口被切断，放入槽沟后，用润滑脂将斜切口黏结固定再装入。

开口式挡圈在使用中，有时可能在切口处出现间隙，影响密封效果，因此，在一般情况下，应尽量采用整体式挡圈。

用聚四氟乙烯制作的挡圈，一旦拉伸，要恢复原尺寸，需要较长时间。因此，不应该将拉伸后装入活塞上的挡圈立即装入缸筒内，须等尺寸复原后再装配。

（6）机械密封装置的装配。机械密封装置是旋转轴用的动密封，它的主要特点是密封面垂直于旋转轴线，依靠动环和静环端面的接触压力来阻止和减少泄漏，因此，又称为端面密封。

机械密封装置的密封原理如图 2-40 所示。轴带动动环旋转，静环固定不动，依靠动环和静环之间接触端面的滑动摩擦保持密封。在长期工作摩擦表面磨损过程中，弹簧不断地推动动环，以保证动环与静环接触而无间隙。为了防止介质通过动环与轴之间或静环与壳体之间的间隙泄漏，装有密封圈。

机械密封是很精密的装置。如果安装和使用不当，容易造成密封元件损坏而出现泄漏事故。因此机械密封装置在安装时，必须注意下列事项。

① 检查各密封元件有无损坏、变形。按照图纸技术要求检查主要零件，如轴的表面粗糙度、外壳公差、动环及静环密封表面粗糙度和不平度等是否符合规定。

② 找正静环端面，保证其端面与轴线不垂直度小于 0.05mm。

③ 必须使动、静环具有一定的浮动性，以便在运动过程中能适应影响动、静环端面接触的各种偏差，这是保证密封性能的重要条件。浮动性取决于密封圈装配的准确度、与密封圈接触的主轴或轴套的表面粗糙度、动环与轴的径向间隙及动、静环接触面上摩擦力的大小

等，而且还要求有足够的弹力。

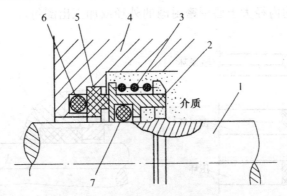

图 2-40　机械密封装置的密封原理

1—轴；2—动环；3—弹簧；4—壳体；5—静环；

6—静环密封圈；7—动环密封圈

④ 要使主轴的轴向窜动、径向跳动和压盖与主轴的不垂直度在规定的范围内，否则将导致泄漏。

⑤ 对于多弹簧的机械密封装置，各弹簧的长度应一致，刚度应相同。

⑥ 在装配过程中应保持清洁，特别是主轴装置密封的部位不得有锈蚀，摩擦副应无灰尘、杂质，并在动环与静环表面上涂敷机械油或透平油。

⑦ 在装配过程中，不允许用工具敲击密封元件。

（7）机械防漏密封胶。用机械防漏密封胶密封是一种静密封。机械防漏密封胶是一种新型高分子材料。它的初始状态是一种具有流动性的黏稠物，能容易地填满两个接合面间的空隙，因此有较好的密封性能。不仅用于密封，而且对各种平面接合和螺纹连接都可使用。密封胶按其作用机理和化学成分可分为液态密封胶和厌氧密封胶等类型。

① 液态密封胶。液态密封胶又称液态垫圈，是一种呈液态的密封材料。按最常用的分类方法，即按涂敷后成膜的性态分类，有以下四种。

● 干性附着型。涂敷前呈液态，涂敷后因溶剂挥发而牢固地附于结合面上，耐压耐热性较好但可拆性差，不耐冲击和振动。适用于非振动的较小间隙的密封。

● 干性可剥型。涂敷后形成柔软而有弹性的薄膜。附着严密，耐振动，有良好的剥离性，适用于较大和不够均匀的间隙。

● 非干性黏型。涂敷后长期保持黏性。耐冲击和振动的性能好，有良好的可拆性。广泛应用于经常拆卸的低压密封中。

● 半干性黏弹型。兼有干性和非干性密封胶的优点，能永久保持黏弹性。适用于振动条件下工作的密封。

液态密封胶的使用温度范围在-60℃～250℃之间，耐压能力随工作温度、结合面形状和紧固压力不同而异。在一般平面接触的密封中和常温条件下，耐压能力不超过 6MPa。

常用国产液态密封胶见表 2-40。

表 2-40　常用国产液态密封胶

类　型	牌　号	产　地
干性附着型	机床密封填料	辽宁辽阳电化厂
干性可剥型	No4 尼龙液体填料 铁锚 609	大连橡胶二厂 黑龙江化工研究所 上海新光化工厂
半干性黏弹型	铁锚 601 铁锚 602	上海新光化工厂 上海新光化工厂
非干性黏型	7302 W-1 W-4 G1 MF-1	大连红卫化工厂 上海合成树脂研究所 上海合成树脂研究所 上海合成树脂研究所 广州机床研究所

② 厌氧密封胶。厌氧密封胶的历史不长，但已得到广泛应用。厌氧密封胶在空气中呈液态，在隔绝空气后是固化状。它的密封机理是由具有厌氧性的丙烯酸单体在隔绝空气的条件下，通过催化剂的引发作用，使单体形成自由基，进行聚合、交链固化，将两个接触表面胶结在一起，从而使被密封的介质不能外漏，起到密封作用。

使用密封胶时，应注意将结合面清洗干净。一般经除锈、除油后，再用丙酮清洗一遍，然后涂胶。当间隙小于 0.2mm 时，涂敷很薄一层即可；当间隙达到 0.2mm 左右时，应采用半干性黏弹型密封胶；间隙为 0.2～0.5mm 时，可用干性可剥型密封胶或同时在界面间夹入石棉垫片。

对于液态系统中的螺纹管接头的密封，一般采用厌氧密封胶，效果良好，其用法是按上述方法将螺纹部分清洗干净，再滴上少许促进剂，待晾干后滴上厌氧密封胶，将接头拧入后十分钟即可定位。

2.8.2　机电设备的试运转

试运转是设备安装工作的最后一道工序，也是对安装施工质量的综合检验。安装施工质量优良的甚至可以做到一次试车成功。但是，多数情况下，在试车中都会发现一些问题。在试车过程中，设备本身由于设计、制造造成的缺陷，由于工艺及基础设计不当和安装质量不良等原因造成的故障，大部分都会暴露出来。因而要根据暴露出来的问题准确地找出原因常常是困难的，需要进行非常仔细地观测与分析。

1. 试运转的准备工作

试车过程中，可能由于设备或设计、施工的隐患，或者组织指挥不当，操作人员违章作业等原因而造成重大设备或人身事故。所以，试运转前必须做好充分的准备，预防事故的发生。试运转前的准备工作包括以下三个方面。

（1）熟悉设备及其附属系统的说明书和技术文件，了解设备的构造和性能，掌握操作程序、操作方法和安全操作规程。

（2）编制试运转方案。方案应包括人员、试车程序和要求，试车指挥及现场联络信号，检查和记录的项目，操作规程，安全措施和万一发生事故时的应变措施等。

（3）做好水电及试车所需物资的准备。

2. 试运转的步骤

试运转的步骤应符合先试辅助系统后试主机、先试单机后联动试车、先空载试车后带负荷试车的原则。其具体步骤为：

（1）辅助系统试运转。辅助系统包括机组或单机的润滑系统、水冷风冷系统。只有在辅助系统试运转正常的条件下才允许对主机或机组进行试运转。辅助系统试运转时，也必须先空载试车后带负荷试车。

（2）单机及机组动力设备空载试运转。单机或机组的电动机必须首先单独进行空试。液压传动设备的液压系统的空载试车，必须先对管路系统试压合格后，才能进行空载试车。

（3）单机空载试车。在前述试车合格后，进行单机空载试车。单机空载试车的目的是为了初步考查每台设备的设计、制造及安装质量有无问题和隐患，以便及时处理。

单机空载试运转前，首先清理现场，检查地脚螺栓是否紧固，检查非压力循环润滑的润滑点、油池是否加足了规定牌号的润滑油或润滑脂，电气系统的仪表、过荷保护装置及其他保护装置是否灵敏可靠。接着进行人工盘车（即用人力扳动机械的回转部分转动一至数周），当确信没有机械卡阻和异常响声后，先瞬时启动一下（点动），如有问题立即停车检查，如果没有问题就可进行空载试车。

对一般的设备，单机试车 2～4h 就可以了，对大型和复杂的设备通常规定空试车 8h。如果发现问题应立即停车处理，处理后仍须进行单机空试。

单机空试合格后，就可进行机组或整条作业线的联动空载试运转。联动空载试运转通常进行 8～24h。

（4）负荷联动试运转。在空载联动运转的基础上，进行负荷联动试运转。负荷联动试运转的原则是逐步加载。开始是进行 1/4 负荷联动试运转，然后逐步加载到半负荷试运转，再进行全负荷试运转。对于某些设备，为了检查其过载能力，还要进行超载试验。

负荷试运转通常要进行 3 天到一个星期的连续运转。通过负荷试运转，可以全面考核各台设备是否工作正常，能否达到设计的能力和规定的安装质量指标，各设备之间能否协调动作。负荷试运转也是对工艺设计的一次大检验，包括生产能力、产品和中间半成品的质量指标、各工艺环节的相互配合、设备选型是否正确等，所以负荷联动试车一般都由工艺和机械技术人员共同完成。

3．试车完毕应做的工作

（1）切断机组的电源及动力来源。

（2）消除压力或负荷。

（3）检查设备各主要部件的连接、齿面及滑动摩擦副的接触情况（如人字齿轮单边接触）。

（4）检查及整理试车记录、安装、检测的原始数据等。

2.8.3 常见故障及排除方法

（1）机组的振幅超过规定值。整个机组的振幅超过规定值是一种十分危险的现象，必须仔细分析并及时采取措施加以消除。引起振动的原因有：

① 由安装质量引起的，如某些重要部分的水平精度、对中精度达不到要求；

② 基础设计不合理，基础的振幅超过规定值；

③ 工艺及操作不当引起的，如超负荷、超载运转使附加应力和惯性过大，工艺系统不稳定或其他原因使机组工作在不稳定状态。

（2）某些零部件振动过大。产生的原因主要是轴与轴承的间隙过大，连接螺栓松动，零件的静平衡、动平衡超过允许值，齿轮的齿距误差过大或顶间隙过小、润滑不良等。

（3）轴承温度升高。产生的原因可能是：润滑油或润滑脂选择不当，缺油，冷却系统有故障，滑动轴承的刮研质量不合格或轴承间隙过小，滚动轴承内外圈与轴或孔的配合过盈太大，以致装配后轴承的游隙过小，工作温度较高的轴没有考虑轴向的补偿，联轴器对中、找正不符合要求等。

（4）管路及各动、静密封处泄漏油、水、气。这种情况属安装质量不良或密封结构不合理，密封件质量不良或损坏。

（5）有异常的响声或敲击声。其原因有：设备工作腔内有异物，某些相对运动的摩擦副间隙过大，运转中出现松动，零部件质量不良或损坏等。

复习思考题 2

1. 设备拆卸的一般方法有哪几种？如何选用？
2. 设备在清洗前需要进行哪些准备工作？
3. 常用的清洗用具有哪些？
4. 试述清洗工作的一般步骤。
5. 设备润滑一般采用什么材料？常用的润滑油有哪几种？
6. 什么是设备的平面布置？其作用是什么？
7. 设备的基础分为哪几种？
8. 已知设备底座孔径，怎样确定普通地脚螺栓的尺寸？
9. 什么是设备就位？就位的方法有哪几种？
10. 在设备就位过程中，应注意哪些安全事项？
11. 设备找正的目的是什么？
12. 什么是设备找正？设备找正包括哪几个方面？
13. 设备位置不正时怎样拨正？
14. 什么是初平？初平的目的是什么？为什么设备初平后还必须再进行一次精平？
15. 什么是灌浆？灌浆的作用是什么？
16. 为什么设备安装后要进行检验和调整？设备检验的目的是什么？
17. 设备试运转的目的是什么？
18. 设备试运转前应做好哪些准备工作？
19. 试述设备试运转的步骤和方法。
20. 简述设备的精平和二次灌浆。
21. 简述设备开箱及就位要求。
22. 简述设备安装时的注意事项。
23. 试述设备安装、检修中的拆卸工作。
24. 简述设备无垫铁安装法。

第3章 典型机器零部件的安装工艺

3.1 概述

3.1.1 机械装配的概念

机械装配就是按照设计的技术要求实现机械零件或部件的连接，把机械零件或部件组合成机器。机械装配是机器制造和修理的重要环节，特别是对机械修理来说，由于提供装配的零件有别于机械制造时的情况，更使得装配工作具有特殊性。装配工作的好坏对机器的效能、修理的工期、工作的劳力和成本等都起着非常重要的作用。

组成各类机器的零部件可以分为两大类：一类是标准零部件，如传动轴、轴承、齿轮、键、销和螺栓等，它们在机器中是主要组成部分，而且数量很多；另一类是一些非标准零部件和专门机构，它们在机器中数量不多。因此在研究零部件的装配时，主要讨论标准零部件的装配。

零部件的连接分为固定连接和活动连接两类。固定连接是用来使零件或部件固定在一起，而没有任何相对运动的连接。属于这类连接的有螺纹连接、键连接、销连接及过盈连接等。活动连接是使连接起来的零部件能实现一定性质的相对运动，如轴与轴承的连接、齿轮与齿轮的连接等。不论哪一种连接都必须按照技术要求和一定的装配工艺进行，才能保证装配质量。

3.1.2 机械装配中的共性问题

1. 保证装配精度

保证装配精度是装配工作的根本任务。装配精度包括配合精度和尺寸链精度。要想获得所需要的装配精度，必须采取相应的措施。

（1）配合精度。

大量的修理工作是恢复因磨损而被破坏的正常配合状况。为了保证配合精度，装配工作必须严格按公差范围配合，为此可以采取四种装配方法：完全互换法、选配法、调整法、修配法。应该指出，过去采用完全互换法比较少，而采用选配法、调整法、修配法比较多。但是，随着科学技术的进步，生产的机械化、自动化程度不断提高，以及现代化生产的大型、连续、高速和自动化的特点，完全互换法已在机械修理中日益广泛地被采用，这是因为零件较高的加工精度目前已不再困难；另一方面采用完全互换法可以缩短工期，减少繁重的体力劳动，提高了机器的可靠性和使用寿命。如果对零件的加工、装配和使用效果进行全面的经济核算，我们会发现完全互换法的采用是非常合理的，是发展的方向。

（2）尺寸链精度。

在机械装配中，有时虽然各配合件的配合精度满足了要求，但积累误差所造成的尺寸链误差却可能超出所要求的范围。为此，必须在装配后进行检查，当不符合要求时，应重新进行选配或更换某些零件。

2．重视装配工作的密封性

可能由于密封装置的装配工艺不符合要求，也可能由于选用密封材料、预紧程度和装配位置不当，造成漏水等现象。这种现象轻则造成能量损失，以致降低或丧失工作能力，造成环境污染，重则可能造成严重事故。因此，在装配工作中，对密封性必须给予重视。除恰当选用密封材料外，要特别注意合理装配，要有合理的装配紧度，并且压紧要均匀。当压紧度不足时，会引起泄漏，或者在工作一段时间后，由于振动及紧定螺钉被拉长而丧失紧度，导致泄漏；压紧度过紧，对静密封的垫片来讲，会引起发热、加速磨损、增大摩擦功率等不良后果。正确的紧度以 O 形密封圈为例，其预紧变形应在 8%～30%之间。

3．装配工艺过程

机械装配工艺过程大致是：机械装配前的技术和物质准备→机件的质量检查和清洗→装配。

（1）机械装配前的技术和物质准备。

首先应查阅有关图纸资料，研究并熟悉机械的构造、各零部件的作用、它们之间的相互关系以及连接的方式方法。然后，根据研究的结果制订出装配工艺规程。内容包括装配技术要求，合理的装配顺序（一般为先上后下，由内及外，先重后轻，并注意逐一按装配基准面装配），装配方式方法，装配时所用材料、工具、夹具和量具等，搬运零件的合理方法，合理的组织工作等，并领取和清点全部所需的零部件和一切物质。

（2）机件的质量检查和清洗。

对装配的零部件必须按图纸严格进行尺寸精度、形状、位置精度和表面粗糙度的检查，严格防止将不合格的零部件装入机械中。此外，要注意倒角和清除毛刺。在修理时，尽管各零部件已经过一次拆卸后的大清洗，但是在装配时都要用适当的清洗液和清洗方法进行最后的彻底清洗，洗去一切污物、切屑、尘粒，确保装配质量。

（3）装配。

装配时要严格按操作规程进行。在装配过程中，不断地进行技术检查、调整和校正，不得强行用力敲打，最后经技术检查合格后进行试运转。

3.2　螺纹连接、键连接和销连接的安装工艺

3.2.1　螺纹连接的安装方法及要点

螺纹连接是一种可拆的固定连接，它具有结构简单、连接可靠、拆卸方便迅速等优点。

1．螺纹连接的种类

螺纹连接分为普通螺纹连接、紧配螺栓连接、双头螺栓连接、螺钉连接和特殊螺纹连接。

2．螺纹连接的预紧

（1）拧紧力矩的确定。螺纹连接为了达到可靠而紧固的目的，须确保螺纹副具有一定的摩擦力矩，此力矩是由连接时施加拧紧力矩后，螺纹副产生预紧力获得的。拧紧力矩可按下式计算

$$M_t = KP_0d \times 10^{-3}$$

式中　M_t——拧紧力矩（单位：N·m）；

　　　　d——螺纹公称直径（单位：mm）；

　　　　K——扭力系数（有润滑情况下，$K = 0.13 \sim 0.15$；无润滑时，$K = 0.18 \sim 0.21$；

　　　　P_0——预紧力（单位：N）。

如果螺纹连接并无预紧力的要求，可按上式计算出 M_t 后再减少到75%～85%。

（2）预紧力。预紧力和在预紧力作用下连接件的弹性变形是保证螺纹连接的可靠性和紧密性的主要因素。如图 3-1 所示是受轴向载荷的螺纹连接在被拧紧及工作时的受力和变形情况。图 3-1（a）所示为拧紧螺栓至刚消除了间隙但尚未产生预紧力的情况，此时螺栓和被连接件均未受力和产生弹性变形。当螺栓被拧紧时，在预紧力 P_0 的作用下，螺栓弹性伸长 λ_0，被紧固零件产生弹性压缩 δ_0，如图 3-1（b）所示；当连接螺栓承受工作载荷 P_1 后，螺栓又被伸长 $\Delta\lambda$，而被紧固件的压缩变形恢复（或减小）也为 $\Delta\lambda$，螺纹连接的预螺力由于螺栓伸长而减小，剩余预紧力为 P_0'。这时作用在螺栓上的总拉力 $P = P_1 + P_0'$，如图 3-1（c）所示；当载荷继续增大时，螺栓的伸长使被紧固件压缩变形恢复到零，如果负荷再增大，在接合处就会出现间隙，使连接失去应有的牢固性和紧密性，如图 3-1（d）所示。

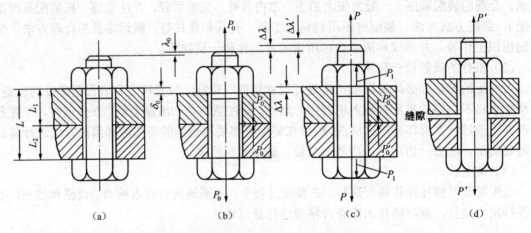

图 3-1　螺栓和被连接件的受力和变形情况

从以上分析可看出，预紧力不够大，将在工作载荷的作用下使螺纹连接失去紧固性和严密性。但是另一方面，如果预紧力过大或接合处松开，将使螺纹连接损坏。

受轴向载荷螺纹连接的预紧力按下式确定

$$P_0 = K_0P$$

式中　P——工作载荷；

　　　　K_0——预紧系数。

预紧系数 K_0 根据连接情况和重要程度参照表 3-1 选取。

表 3-1　预紧系数 K_0

连接情况		K_0	连接情况		K_0
紧　固	静载荷 变载荷	1.2～2.0 2.0～4.0	紧　密	软垫 金属成型垫 金属平垫	1.5～2.5 2.5～3.5 3.0～4.5

（3）预紧力的控制。

① 控制扭矩法。用测力扳手、可定扭矩扳手使预紧力达到给定值。

② 控制扭角法。先将螺母拧紧至消除间隙，再继续拧紧螺母至一定角度。

③ 控制螺栓伸长法（图 3-2）。其操作是螺母拧紧前，要测量螺栓的长度并记录其 L_1 值。按预紧力要求拧紧后，再测量螺栓的长度并记录其 L_2 值，以 $L_2 > L_1$ 的数值来确定预紧力是否符合要求。

④ 断裂法。如图 3-3 所示，将螺母切出一定深度的环形槽，拧紧时以环形槽断裂为标志来控制预紧力的大小。

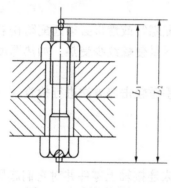

图 3-2　控制螺栓伸长法

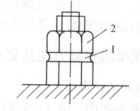

图 3-3　断裂法控制预紧力
1—断裂处；2—扳动位置

3．螺纹连接的防松装置

（1）螺纹连接防松装置的作用。螺纹连接一般都具有自锁性，以保证在受静载荷的条件下不会自行松动或脱落。但在冲击、振动及交变载荷作用下，螺纹副之间的正压力会突然减小，导致摩擦力矩减少，从而使螺纹连接的自锁性失去，造成螺纹连接松动。螺纹防松装置的作用就是防止摩擦力矩减小和螺母回转。

（2）常见螺纹连接防松装置。

① 附加摩擦力防松。

● 紧锁螺母防松（俗称背母）；

● 弹簧垫圈防松。

② 机械方法防松。

● 开口销与带槽螺母；

● 齿动垫圈；

- 带耳止动垫圈；
- 串联钢丝；
- 点铆法；
- 黏结法。

4. 螺纹连接的装配工艺要点

（1）双头螺栓的装配。操作时应掌握以下要点。

① 应使双头螺栓与机体螺纹的配合有足够的紧固性，以便在拧紧或拆卸螺母时双头螺栓不会发生松动。

② 双头螺栓的轴心线要与机体表面垂直，装配时可用直尺检验。

③ 为防止旋入双头螺栓时被咬住及便于检修时拆卸，应涂擦少许润滑油或黑铅粉。

（2）螺母和螺钉的装配。螺母和螺钉的装配须按一定的拧紧力矩拧紧，且应注意以下要点。

① 螺母和螺钉不能有"脱扣""倒牙"等现象，检查时凡不符合技术条件要求的螺纹不得使用。

② 螺杆不得变形，螺钉头部、螺母底部与零件贴合面应光洁、平整。

③ 拧紧成组螺栓或螺母时通常以 3 次拧紧且按照从中间开始，逐步向四周对角、对称、扩展的顺序进行。

④ 当被连接件在工作中会受到振动、冲击时，装配螺钉或螺母必须匹配防松装置。

⑤ 热装螺栓时，应将螺母拧在螺栓上同时加热且尽量使螺纹少受热，加热温度一般不得超过 400℃，加热装配连接螺栓须按对角顺序进行。

⑥ 螺纹连接装配后，通常采用目测、塞尺测检及手锤轻击等方法进行检查。

3.2.2 键连接的安装方法及要点

1. 键连接的作用

在键连接装配中，键（一般用 45 号钢制成）是用来连接轴上零件并对它们起周向固定作用，以达到传递扭矩的一种机械零件。其连接类别有松键连接、紧键连接和花键连接。

2. 键连接的装配工艺要点

（1）装配前应检查键的直线度、键槽对轴心线的对称度和平行度。

（2）普通平键的两侧面与轴键槽的配合一般有间隙。重载荷、冲击、双向使用时，须有过盈。键两端圆弧应无干涉。键端与轴槽应留有 0.10mm 的间隙。

（3）普通平键的底面与键槽底面应贴实。顶面与轮毂间须有一定的间隙。两侧面与轮毂的配合一般有间隙，重载荷、冲击载荷及双向作用时可略有过盈。

（4）半圆键的半径应稍小于轴槽半径，其他要求与一般平键相同。

（5）楔键顶面应有 1:100 斜度，轮毂的键槽斜度必须与其相匹配，其接触部分大于配合面的 2/3。两侧面与轴键槽及轮毂槽的配合应有少量间隙。钩头楔的钩头距轮毂端面应有一定间隙，以便拆卸。

（6）花键装配时，切忌修理定心表面。当花键为间隙配合时，套件在花键轴上应能自由滑动，不得有阻滞现象，但不能过松，不得有明显的周向间隙。

3.2.3　销连接的安装方法及要点

1．销连接装配的作用

销连接装配的作用是定位、连接、锁定或作为安全装置中的过载剪切元件而起保护作用。

2．销的种类

销的种类有：普通圆柱销、内螺纹圆柱销、弹性圆柱销、普通圆锥销、螺尾圆锥销、开尾圆锥销及开口销等。

3．销连接的装配工艺要点

销连接的装配要点因销的类型和作用（定位、连接、锁定及过载剪切）不同而异。

（1）圆柱销配合分为间隙配合、过渡配合和过盈配合三种，装配时可按规定选取。

（2）销孔加工一般是将被连接零部件确定好装配位置后，一起钻孔、铰孔。

（3）圆柱销孔要严格控制孔径尺寸，销钉装入前涂润滑油，用手锤打入时要垫以软金属。对于盲孔，销钉应磨出通气槽（或面），以便孔底空气排出。

（4）圆锥销装配时，锥孔的铰削应与销钉试配，以手推入锥销长度 80%～85%，用手锤敲入，确保大端稍露出工件表面即可。

（5）开尾圆锥销打入后，应让开口端露出工件表面，扳开开口。

（6）销钉顶端的内外螺纹是备拆卸所用的，可借助螺母、螺钉或拔销器进行拆卸。

3.3　轴承的装配

3.3.1　滑动轴承的装配

滑动轴承的装配质量直接关系到滑动轴承和机器的运转质量，影响滑动轴承的寿命。设备运行时，轴颈直接被支承在被油层覆盖的轴瓦上。油层的作用是降温、润滑及形成油膜。油膜起着承载、减小摩擦、减振缓冲及扶位作用。所以轴承安装时，一定要形成运转中的油膜。

1．剖分式滑动轴承的装配

（1）装配前的准备。

装配前必须熟悉装配图，了解结构和装配技术要求，并根据轴颈和轴承座孔的尺寸及技术状况选配合适的轴承"对号入座"。然后检查轴承质量，包括浇铸质量（对巴氏合金瓦要敲瓦背听其声，以判断有无空洞夹层；对铜瓦要检查有无大的裂纹）和尺寸校对。修光所有配合面的毛刺，检查轴承盖和轴瓦上的油孔是否对正，再用煤油洗净所有油孔和油沟。

（2）固定轴承座。

保证两个或两个以上共轴轴承的水平度及同心度是滑动轴承装配的关键问题。在实际工作中，常用拉线法进行找正。如图 3-4 所示，在轴承的两边固定一条直径为 $\phi3mm$ 的细钢丝，用重锤拉紧，然后用内径千分尺测量钢丝到轴承表面的距离，即可测出轴承座孔的同轴度。当同轴度超限时，应查明原因进行修整。然后，再把轴放在轴承座上，用涂色法检查轴与轴瓦表面的接触情况。一切调整好后，将轴承牢固地固定在机体或基础上。

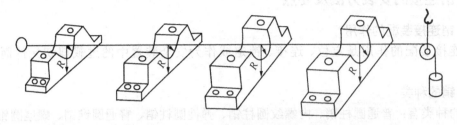

图 3-4　用拉线法检测轴承的同心度

（3）轴瓦与轴承座、轴承盖的装配。

① 轴瓦与轴承座、轴承盖的装配，必须使轴瓦背与轴承孔配合紧密。为了满足这个要求，一要保证轴瓦与座孔配合过盈合适，二要保证轴瓦与座孔接触良好。

轴瓦与座孔配合过盈较大时，轴瓦装入轴承座孔后，产生较大变形，使轴瓦与轴之间必要的间隙得不到保证，可能导致烧瓦和抱轴事故；轴瓦与座孔配合过盈较小时，即配合过松，机器运转时，轴瓦在座孔中游动，使轴瓦产生周期性的变形，引起合金层脱落或使轴承温度升高，严重时还可能造成烧瓦。轴瓦与座孔的合适配合过盈是通过两点来保证的：一是轴瓦在自由状态的曲率半径大于座孔半径（有一定的扩张量），二是轴瓦装入座孔后，剖分面应比轴承座剖分面高出 Δh（$\Delta h = \pi\delta/4$，δ 为轴瓦与座孔的配合过盈，一般 Δh 的取值范围为 0.05～0.1mm）。因此，轴承在装配时，首先应检查轴瓦的扩张量是否合适，然后用压铅丝方法测定轴瓦剖分面比轴承座剖分面的高出量。此方法的测量过程是将轴瓦装入座孔，在轴承座和轴瓦的分界面上分别垫上 3A 的保险丝，拧紧轴承盖螺钉，再拆下轴承盖，取出保险丝，分别测出压在轴承座分界处和轴瓦交界面处的铅丝厚度，其厚度差即为轴瓦的高出量。此值应符合规定，如不符合可采用刮研的方法处理。轴瓦背与座孔接触面积可通过观察接触印痕进行检查，即在瓦背表面均匀地涂上一薄层显示剂，装入座孔，拧紧轴承盖固定螺钉。然后取出轴瓦，观察座孔表面的印痕，印痕面积上瓦不得小于 40%，下瓦不得小于 50%，并且要求印痕分布均匀，不得有翘角或部分有间隙，接触斑点应为（1～2）点/cm²。接触面积不均匀或接触斑点过少，都将导致轴瓦磨损、变形、破裂。

② 为了保证轴瓦在轴承座内不发生转动或振动，常在轴瓦与轴承座之间安放定位销。为了防止轴瓦在轴承内产生轴向位移，一般轴瓦都有翻边，没有翻边的则有止口。翻边或止口与轴承座之间不应有轴向间隙。

（4）轴瓦与轴的装配。

① 开瓦口和油沟。开瓦口是为了储存磨粒、存油和散热。瓦口小时容易"夹帮"（即轴瓦抱住轴颈），瓦口不能开通；若瓦口大，则运转时会漏油。

为了使润滑油能分布到轴承的工作面上，轴瓦的内表面需开油沟，但应开在不承受载荷的内表面上，否则会破坏油膜的连续性而影响承载能力。油沟的棱角应倒钝以免起刮油作用。油沟不应开通，其目的是减少润滑油的端部泄漏。

剖分式滑动轴承的润滑油沟如图 3-5 所示。图 3-5（a）所示为半环形润滑油沟，润滑油从上轴瓦小孔送入，沿半环形润滑油沟进入上下轴瓦剖分面的瓦口中，瓦口即为由上下轴瓦构成的纵向闭合润滑油沟。当轴转动时，由瓦口取得润滑油，保证连续把润滑油吸入轴承负荷区。图 3-5（b）所示为纵向润滑油沟。对于剖分式滑动轴承，为了保证充分将润滑油输入负荷区和具有一定的冷却效果，在下瓦的瓦口下部常做出坡口（即冷却带），如图 3-6 所示。剖分式滑动轴承的瓦口、油沟和冷却带的尺寸见表 3-2。

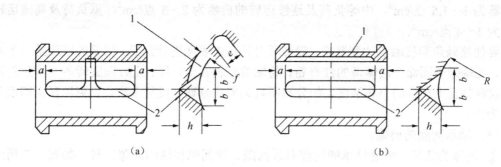

（a）　　　　　　　　　　　　　　（b）

图 3-5　剖分式滑动轴承的润滑油沟

1—半环形润滑油沟；2—上下轴瓦剖分面的瓦口

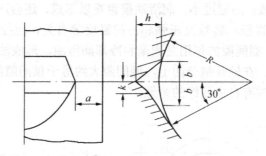

图 3-6　剖分式滑动轴承冷却带

表 3-2　剖分式滑动轴承的瓦口、油沟及冷却带的尺寸

轴承直径 d （mm）	尺　寸（mm）						
	h	K	b	f	R	a	e
< 60	1.5	3	7	1.5	9	8	6
60~80	2	4	8	1.5	12	8	8
80~90	2.5	5	10	2	15	10	10
90~110	3	6	13	2	18	10	12
110~140	3.5	7	16	2.5	21	12	14
140~180	4	8	20	2.5	24	12	16
180~260	5	10	30	2.5	30	15	20
260~380	6	12	40	3	36	18	24
380~500	8	16	50	4	48	20	32

②　轴承内圆表面的刮研。轴承内圆表面与轴颈的配合必须注意两个问题，即轴瓦与轴颈之间的接触角和接触点均应符合要求。

轴瓦与轴颈之间的接触表面所对的圆心角称为接触角。此角角度过大，影响润滑油膜的形成，破坏润滑效果，使轴很快磨损；若此角角度过小，会增大轴瓦的压强，也使轴瓦加剧磨损。一般取接触角为 60°～90°。当载荷大，转速低时，取较大值；当载荷小，转速高时，取较小值。根据实践经验，当转速在 1000r/min 以上时，接触角可小于 60°，甚至可小到

35°；当低速重载时，接触角可大于 90°，有时达到 120°。

接触点指在接触角范围内单位面积接触多少点，它与机器的特点有关。低速及间歇运行的机器为 1～1.5 点/cm²，中等负荷及连续运转的机器为 2～3 点/cm²，重负荷及高速运转的机器为 3～4 点/cm²。

要使接触角和接触点达到要求，就必须对轴瓦内表面进行刮研。刮研的顺序是先下瓦后上瓦，在轴颈表面涂一层薄薄的红丹粉，将轴放在轴瓦上，反、正方向旋转各一次后将轴取下，观察轴瓦上印痕的分布情况，如分布不均匀就应刮研，反复多次，直到轴瓦上印痕分布均匀为止。

（5）轴承间隙的调整。

① 间隙的意义。滑动轴承的间隙有顶间隙、侧间隙和轴向间隙三种，如图 3-7 所示。顶间隙为 a，侧间隙为 b，轴向间隙为 S。顶间隙的大小极为重要，间隙过大，轴承中的润滑油膜难以形成，保证不了液体润滑，而且会降低机器的运转精度，甚至会产生剧烈振动和噪声，严重时会发生事故；间隙过小，润滑油膜也难以形成，还会产生高热，甚至会发生事故，其数值大小与轴颈直径、转数及压强和油的黏度等有关，应控制在 $1/1000d$～$3/1000d$ 之间（d 为轴颈直径）。侧间隙的作用是积聚和冷却润滑油，形成油膜，其数值是变化的，越往轴承底部间隙越小。在轴瓦剖分面上，侧间隙大约等于顶间隙的 1/2。轴向间隙的作用是为了使轴在温度变化时有自由伸缩的余地。

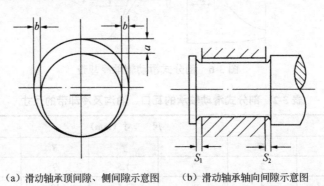

（a）滑动轴承顶间隙、侧间隙示意图　　（b）滑动轴承轴向间隙示意图

图 3-7　滑动轴承的间隙

② 间隙的测量。轴承与轴的配合间隙必须合适，可用塞尺法和压铅法量出。

● 塞尺法。对于直径较大的轴承，间隙较大，可用较窄的塞尺直接塞入间隙里检测。对于直径较小的轴承，间隙较小，不便用塞尺测量，但轴承的侧间隙，必须用厚度适当的塞尺测量。如图 3-8（a）所示为用塞尺检测顶间隙，图 3-8（b）所示为用塞尺检测侧间隙。

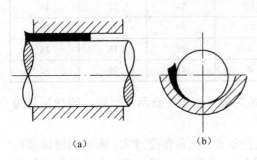

（a）　　　　　（b）

图 3-8　用塞尺检测轴承间隙

● 压铅法。用压铅法检测轴承间隙比用塞尺检查准确，但较费事。检测所用铅丝直径最好为间隙的 1.5～2 倍，通常用电工用的保险丝进行检测。检测时，先将选用铅丝截成 15～40mm 长的小段，安放在轴颈上及上下轴承分界面处，如图 3-9 所示。盖上轴承盖，拧紧螺丝，再打开轴承盖，用千分尺测量压扁铅丝厚度。其顶间

隙的平均值按下式计算

$$A = (a_1 + a_2)/2$$
$$B = (b_1 + b_2)/2$$
$$S_{平均} = \left[(c_1 - A) + (c_2 - B) \right] / 2$$

滑动轴承的轴向间隙是：固定端间隙值为 0.1～0.2mm，自由端的间隙值应大于轴的热膨胀伸长量。轴向间隙的检测，是将轴移至一个极限位置，然后用塞尺或百分表测量轴从一个极限位置至另一个极限位置的窜动量，即轴向间隙。

③ 间隙的调整。如果实测出的顶间隙小于规定值，则应在上下瓦接合面间加入垫片，反之应减少垫片或刮削接合面。实测出的轴向间隙如与规定不符，应刮研轴瓦端面或调整止推螺钉。

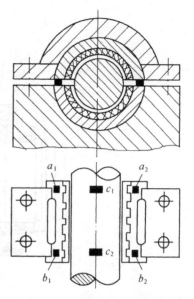

图 3-9　压铅法检测轴承间隙

2. 轴套式滑动轴承的装配

在一些转速较低的机器中，大多采用轴套式轴承。轴套式轴承在装配前，将轴承内圆表面按轴颈实际尺寸进行刮研，留出的间隙应符合配合的规定值，然后根据轴套外圆尺寸和规定的过盈，可以用压入和敲入的方法将轴承装入轴承座。装配前，应注意过盈配合表面的清洁并涂上润滑油。为防止装入时轴套歪斜，装配时可用导向工具，如导向环、导向心轴等。

轴套装入轴承后，由于轴套外表面与座孔是过盈配合，装入后由于产生附加应力，而且轴套内孔微量减小，应使用内径千分尺复查其内径，并用刮削法恢复轴套内孔的理想尺寸。

轴套装入后，安装定位销和紧固螺钉，使轴套固定在座孔内，最后用内径千分表在轴套内孔的两三处做相互垂直方向上的检验，检验其圆度、锥度和几何尺寸。

3. 动压油膜轴承的装配

动压油膜轴承为全封闭式的精密轴承，它具有较大的承载能力与很小的摩擦系数，已广泛地用于轧辊轴承上。

油膜轴承加工制造较为精密，油的清洁度要求很高，所以在装配中一定要注意清洁，防止污染。其次不要碰伤零件，特别是巴氏合金衬套与套筒不允许有任何细微的擦伤，因此装配必须由受过专门训练的人在特定的场所进行。

在连轧机操作侧的支承辊油膜轴承为了承受工作辊传来的轴向力，装有双列圆锥滚子轴承，现以操作侧的支承辊油膜轴承（图 3-10）为例，将其装配工艺过程简述如下。

（1）对各组装主要零件严格检查配合尺寸。用干净油、汽冲洗各零件。在清洗时对有油孔的零件要用压缩空气吹扫。

（2）如图 3-10 所示，将轴承箱 A 与辊身相邻端面朝下，用千斤顶及框式水平仪将箱体调水平。

（3）如图 3-11 所示，把衬套 1 用特别吊具吊到轴承箱上，一边旋转一边插入轴承箱内，当衬套到位后，从轴承箱的侧面将锁销 25 和 O 形密封环 26 插入衬套内，再用内六角螺钉 27 把锁销固定在轴承箱上，同时保证油孔位置一致。

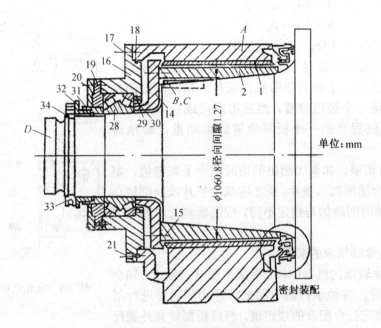

图 3-10　支承辊油膜轴承的结构

1—衬套；2—锥套；14—挡环；15—螺钉；16—轴承箱体；17—螺钉；

18—O 形密封环；19—轴承护圈；20—端盖；21—螺钉；28—止推轴承；

29—弹簧座；30—弹簧；31—托架；32—调整环；33—止推板；34—键

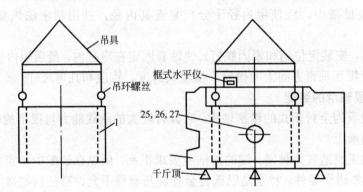

图 3-11　轴承箱与衬套的装配

1—衬套；25—锁销；26—O 形密封环；27—内六角螺钉

（4）如图 3-12 所示，将锥套 2 与辊身相邻端面朝下放在工作台上，将端部挡环 14 装到锥套 2 上，并用螺钉 15 连接，再把锥套吊起插入衬套。在插入时千万不要碰坏衬套里高精度的巴氏合金孔表面。

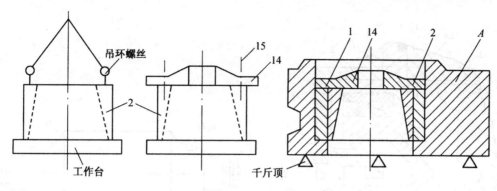

图 3-12 锥套与轴承箱的装配

1—衬套；2—锥套；14—端部挡环；15—螺钉

（5）组装止推轴承。如图 3-13 所示，先将弹簧 30 和弹簧座 29 装入轴承箱体 16 内，先装止推轴承 28，然后在轴承护圈 19 上装弹簧和弹簧座，把 O 形密封环 18 嵌入轴承箱体 16 内，一起装到轴承箱上，并紧固螺钉 17。

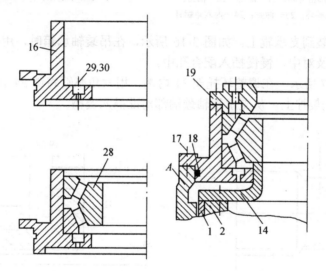

图 3-13 圆锥滚子轴承装配部分放大图

1—衬套；2—锥套；14—挡环；16—轴承体；17—螺钉；

18—O 形密封环；19—轴承护圈；28—止推轴承；29—弹簧座；30—弹簧

（6）将轴承箱组件转 90°，即按工作状态放置。

（7）组装密封组合件。如图 3-14 所示，将甩油环 3 和 O 形密封环 13 配合好，装入锥套的辊身侧，用内六角螺钉 4 轻轻拧上，在锥套和甩油环之间放入油封 12，再把内六角螺钉 4 紧固，将油封 11 的护圈 8 和 O 形密封环 10 用内六角螺钉 9 固定到轴承箱的辊身侧。将伸出环 5 用内六角螺钉 7 固定到已装入锥套上的甩油环 3 上，再装密封环 6。用内六角螺钉 24 把防鳞环 22 拧到护圈 8 上。

（8）如图 3-15 所示，将支承辊 D 放在工作台上，键槽方向朝上，用内六角螺钉 C 将套筒固定键 B 紧固在槽内。

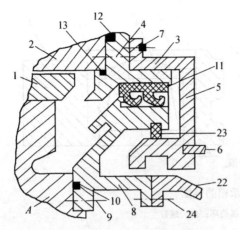

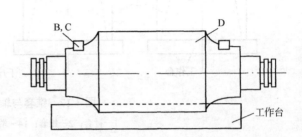

图 3-14　密封装配局部放大图

1—衬套；2—锥套；3—甩油环；4—内六角螺钉；
5—伸出环；6—密封环；7—内六角螺钉；8—护圈；
9—内六角螺钉；10—O 形密封环；11—油封；12—油封；
13—O 形密封环；22—防鳞环；23—油封；24—内六角螺钉

图 3-15　锥套固定键的装配

（9）将轴承箱装到支承辊上。如图 3-16 所示，在吊装轴承箱时，用吊钩挂上链式起重机，以便箱体调平及对中，慢慢插入配合孔中。

（10）如图 3-17 所示，在调整环托架 31 内侧，用六角螺钉将键 34 固定在调整托架上，再将调整环 32 与托架拧上，从支承辊轴颈端部对准插入键槽。

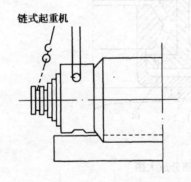

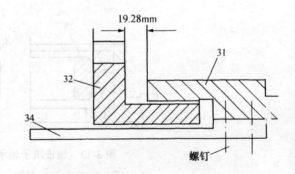

图 3-16　箱体与支承辊轴颈的装配

图 3-17　调整环装配部分的局部放大图

31—调整环托架；32—调整环；34—键

（11）把止推板 33 对准调整环托架上的键装到轧辊上去。用手锤敲特制的环形扳手来转动调整环，使调整环托架 31 顶到止推轴承的内圈为止。最后用螺丝把止推板 33 与调整环拧上。

整个装配工作完毕。

由于油膜轴承的调整间隙至今尚没有统一的标准，所以在装配中，要按图纸规定的间隙进行调整。

3.3.2 滚动轴承的装配

滚动轴承比滑动轴承具有更多的优点，因此，在现代机器中获得广泛的应用。滚动轴承的工作性能不仅取决于轴承本身的制造精度，还和与它配合的轴和孔的尺寸精度、形位公差、表面粗糙度、选用的配合以及正确的装配和修理等因素有关。实践证明，装配不正确不仅会加速轴承的磨损、缩短使用寿命，而且会发生断裂和高温咬死等事故。

滚动轴承装配工艺包括清洗、检查、装配与间隙调整。

1．清洗

对于用防锈油封存的新轴承，可用汽油或煤油清洗。对于用防锈油脂封存的新轴承，应先将轴承中的油脂挖出，然后将轴承放入热机油（温度不超过 100℃）中，使残油溶化。将轴承从油中取出冷却后，再用煤油或汽油洗净，并用白布擦干。对于维修时拆下的可用旧轴承，可用碱水和清水清洗。装配前的清洗最好采用金属清洗剂，也可用汽油或煤油，但油洗成本较高。

除此之外，还应清洗与轴承配合的零件，如轴、轴承座、端盖、衬套、密封圈等。清洗方法与可用旧轴承的清洗相同，但密封圈除外。清洗后擦干，涂上一层薄油，以便于安装。

2．检查

清洗之后应对轴承进行仔细检查，如是否擦拭干净，内外圈、滚动体和隔离圈是否有锈蚀、毛刺、碰伤和裂纹；用手转动轴承，是否转动灵活、轻快自如，有无卡住现象；对旧轴承使其内、外圈做相对晃动，检查晃动量，初步确定是否可用等。此外，应按照技术要求对与轴承相配合的零件，如轴、轴承座孔及端盖、衬套、密封圈等进行检查。用百分表在车床上检查轴的直线度；用外径千分尺在轴颈全长上分几点检查轴颈直径和圆度；用角尺或样板检查轴肩对轴心线的垂直度；用百分表在顶尖上检测轴肩与中心线的垂直度；检查轴肩圆角是否合适，轴肩圆半径应略小于轴承内圈倒角半径；用内径千分尺或百分表检查整体式轴承座孔的圆柱度；用角尺检查座孔的轴向挡肩与座孔母线的垂直度；对开式轴承座，应用厚薄规检查剖分面的贴合情况，一般来说，0.05mm 以上的厚薄规不应通过；开式轴承座与轴承外圈接触角应居轴承正中间且为 120° 以上，轴承盖与轴承外圈接触角应居轴承盖正中且为 80°～120°，轴承盖与轴承座之间应无间隙，外座圈两侧与剖分面之间应留出一定的间隙，以防止轴承与轴承体配合安装时出现卡住现象。通过上述检测，如果有不符合技术要求之处，应进行针对性处理。

3．几种典型滚动轴承的装配要点

（1）圆柱孔轴承的装配。

这里所说的圆柱孔轴承是指内孔为圆柱形孔的向心球轴承、圆柱滚子轴承、调心轴承和角接触轴承等。这些轴承在轴承中占绝大多数，它们具有一般滚动轴承的装配共性。这些轴承的装配方法主要取决于轴承与轴及座孔的配合情况。

轴承内圈与轴为紧配合，外圈与轴承座孔为较松配合，对这种轴承的装配是先将轴承压装在轴上，然后将轴连同轴承一起装入壳体轴承座孔中压装时要在轴承端面上垫一个由软金属（铜或软钢）制作的安装套管，安装套管的内径比轴颈直径略大，外径应小于轴承内圈的挡边直径，以免压坏保持架，如图 3-18 所示。另外，在装配时要注意导正，防止轴承歪斜，否则不仅装配困难，而且会产生压痕，使轴和轴承早期损坏。

轴承外圈与轴承座孔为紧配合，内圈与轴为较松配合。可采用外径略小于轴承座孔直径的安装套管，将轴承先压入轴承座孔中再装轴。

轴承内圈与轴、外圈与座孔都是紧配合时，可用专门安装套管将轴承同时压入轴颈和座孔中。

轴承内圈与轴承配合过盈较大，可采用热装法。加热方法有多种，通常采用油槽加热，如图 3-19 所示。将轴承放在油槽中均匀加热至 100℃左右，从油槽中取出，将轴承放在轴上，用力一次推到顶住轴肩的位置。在冷却过程中应始终推紧，或用小锤通过装配套管轻敲，使轴承紧靠轴肩。在装配过程中，应略微转动轴承，以防安装倾斜或卡死。

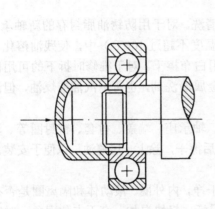

图 3-18　将轴承压装在轴上

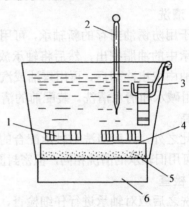

图 3-19　加热轴承油槽

1—轴承；2—温度计；3—挂钩；4—网栅；5—污物；6—电炉

（2）圆锥孔轴承的装配。

圆锥孔轴承可直接装在有锥度的轴颈上，或装在退却套和紧定套的锥面上。这种轴承一般要求有比较紧密的配合，但这种配合不是由轴颈公差决定，而是由轴颈压进锥形配合面的深度决定的。配合的松紧程度根据在装配过程中测量径向游隙来把握。对不可分离型轴承的径向游隙可用厚薄规测量；对可分离的圆柱滚子轴承，可用外径千分尺测量内圈装在轴上后的膨胀量，用其代替径向游隙减小量。

如图 3-20 所示是将圆锥孔轴承直接装在锥形轴颈上，用锁紧螺母控制轴承径向游隙减小量。

如图 3-21 所示是装有退却套的锥孔轴承的装配，用锁紧螺母将退却套压入轴承与轴颈之间。

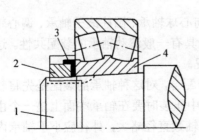

图 3-20　圆锥孔轴承直接装在锥形轴颈上

1—轴；2—锁紧螺母；3—锁片；4—轴承

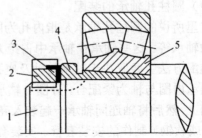

图 3-21　装有退却套的锥孔轴承的装配

1—轴；2—锁紧螺母；3—锁片；4—退却套；5—轴承

（3）圆锥滚子轴承、推力轴承和滚针轴承的装配。

圆锥滚子轴承和角接触球轴承通常成对安装。装配时，要注意调整轴向游隙。轴向游隙可用百分表检查。

安装推力轴承时，应注意区分紧圈和活圈，紧圈内孔小而活圈内孔大，紧圈与轴一般为过渡配合，活圈与座孔一般为间隙配合。安装时，应注意检查与轴一起转动的紧圈与轴中心线的垂直度。安装后，应检查轴向游隙，不合适时应予以调整。

装配滚针轴承时，应先将滚针的表面涂抹稠润滑脂，然后将滚针一个紧接一个地粘贴在上面。应当注意，最后一个滚针粘上后应具有一定的间隙。间隙的大小取决于具体结构。滚针之间的周围总间隙一般在 0.5mm 至滚针直径之间。无论如何也不能将最后一个滚针打入轴承内，否则轴承将不能旋转。

（4）轧钢机四列圆锥滚柱轴承的装配。

轧钢机四列圆锥滚柱轴承也是由内圈、外圈、滚动体和保持器组成，但是它有自己的特点，就是在结构上它有三个外圈、两个内圈、两个外调整环和一个内调整环，四列锥柱与外套间隙相等。在制造上没有互换性，所以在装配时，必须按一定的标记进行。先将轴承装到轴承座中，然后连同轴承座整个装到辊颈上。将轴承装到轴承座内，可按下列顺序进行（图 3-22）。

① 用吊车和十字工具，将第一个外圈仔细装入轴承座孔中，用塞尺检查外圈和轴承座四周的接触情况，再装入第一个调整环，如图 3-22（a）所示。

② 用专制吊钩旋紧在保持器端面互相对称的四个螺孔内，用钢绳将第一个内圈、中间外圈和两列滚柱整体吊起装入轴承座，如图 3-22（b）所示。

③ 装入内调整环和第二个外调整环，如图 3-22（c）所示。

④ 同步骤②，装入第二个内圈、第二个外圈和两列锥柱，如图 3-22（d）所示。

在装配时，轴承所有装配表面都应涂上润滑油。装配完毕后，将止推轴套和轴承端盖连同密封装入轴承座，拧紧端盖螺丝，使端盖压紧外圈。

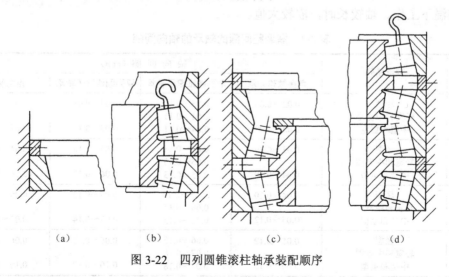

|（a）|（b）|（c）|（d）|

图 3-22　四列圆锥滚柱轴承装配顺序

4．间隙的调整

（1）滚动轴承的间隙。

滚动轴承应具有必要的间隙，以弥补制造和装配偏差与受热膨胀的影响，使油膜得以形成，保证滚动体正常运转，延长其使用寿命。滚动轴承的间隙有两种；一种是径向间隙，另一种是轴向间隙。径向间隙是指内外圈之间在直径方向上产生的相对游动量，轴向间隙是指内外圈之间在轴线方向上产生的相对游动量。滚动轴承的间隙有的可以调整，有的是不可以调整的。

单列向心球轴承、调心球轴承、圆柱滚子轴承、螺旋滚子轴承等，这类轴承的间隙在制造装配时已按标准确定，不能再进行调整。但是，由于这类轴承所处的状态不同，却有三种不同的径向间隙。一是原始间隙，即轴承在未安装前自由状态下的间隙，其值可以从有关资料中查出。二是安装间隙，是指轴承安装后，内圈要增大，外圈要缩小，安装后的间隙要比原始间隙值小，其值等于原始径向间隙减去加过盈配合而造成径向间隙的减小量 Δh。当轴承内圈压配在轴颈上时，Δh 为 $(0.55\sim0.6)H$；当轴承外圈压配在轴承座孔中时，Δh 为 $(0.65\sim0.7)H$。式中 H 为轴承安装时的过盈量。三是工作间隙，是指机器运转后，一方面轴承温度升高，内圈胀大，轴承间隙减小；另一方面，由于工作负荷作用，滚动体和滚道接触处产生变形而使间隙增大。综合结果，一般工作间隙比装配间隙大些。

以上三种间隙中，原始间隙是最基本的，而生产中最有实际意义的是安装间隙，因为它是衡量轴承安装正确与否的主要参数，所以装配后，要检查其间隙的大小，如不符合要求，应查明原因，必要时要重新安装。在使用过程中，也要检查安装间隙，其目的是查清轴承的技术状况，以决定是否需要维修或更换。

间隙可调的轴承一般指角接触球轴承、圆锥滚子轴承、推力球轴承和推力滚子轴承。这些轴承的间隙一般在安装和使用过程中都应进行调整。其目的是保证轴承在所要求的运转精度的前提下灵活运转。此外，通过使用过程中的调整，能部分补偿因磨损所引起的轴承间隙的增大。

由于滚动轴承的轴向间隙与径向间隙存在着正比的关系，所以调整时只调整它们的轴向间隙。轴向间隙调整好了，径向间隙也就调整好了。各种需调整间隙的轴承的轴向间隙见表 3-3。当轴承转动精度高或在低温下工作、轴长度较小时，取较小值；当轴承转动精度低、在高温下工作、轴较长时，取较大值。

表 3-3　需调整间隙的轴承的轴向间隙

轴承内径 (mm)	轴承系列	轴 向 间 隙 （mm）			
		角接触球轴承	单列圆锥滚子轴承	双列圆锥滚子轴承	推力轴承
≤30	轻型	0.02～0.06	0.03～0.10	0.03～0.08	0.03～0.08
	轻宽和中宽型		0.04～0.11		
	中型和重型	0.03～0.09	0.04～0.11	0.05～0.11	0.05～0.11
30～50	轻型	0.03～0.09	0.04～0.11	0.04～0.10	0.04～0.10
	轻宽和中宽型		0.05～0.13		
	中型和重型	0.04～0.10	0.05～0.13	0.06～0.12	0.06～0.12
50～80	轻型	0.04～0.10	0..05～0.13	0.05～0.12	0.05～0.12
	轻宽和中宽型		0.06～0.15		
	中型和重型	0.05～0.12	0.06～0.15	0.07～0.14	0.07～0.14
80～120	轻型	0.05～0.12	0.06～0.15	0.06～0.15	0.06～0.15
	轻宽和中宽型		0.07～0.18		
	中型和重型	0.06～0.15	0.07～0.18	0.10～0.18	0.10～0.18

安装比较重要的轴承时，应采用下列公式进行校验

$$C = 1.17 \times 10^{-5} \Delta t L$$

式中　C——轴向游隙（单位：mm）；

　　　Δt——轴受热后的温度与环境温度之差（单位：℃）；

　　　L——两轴承座中心距（单位：mm）。

（2）滚动轴承间隙的调整方法。

① 垫片调整法。利用侧盖处的垫片调整是最常用的调整方法，如图 3-23 所示。调整时，一般先不加垫片，拧紧侧盖的固定螺钉，直到轴不能转动为止（轴承无间隙），此时，用塞尺测量侧盖与轴承座端面之间的距离 k。然后加入垫片，垫片厚度等于 k 值加上轴向间隙。一套垫片应由多种不同厚度的垫片组成，垫片应平滑光洁，其内外边缘不得有毛刺。间隙的测量除用塞尺法外，也可用压铅法或千分尺法。

② 螺钉调整法。如图 3-24 所示，调整时，先将侧盖的固定螺钉拧紧至轴不能转动时为止，然后将螺钉拧回一定角度 α（单位：°），其值为

$$\alpha = (s/t) \times 360°$$

式中　s——轴承要求的轴向间隙（单位：mm）；

　　　t——调整螺钉的螺距（单位：mm）。

然后将调整螺钉锁紧，以防调整螺钉在机器运转时松动。

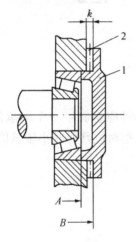

图 3-23　用垫片调整轴向间隙

1—侧盖；2—垫片

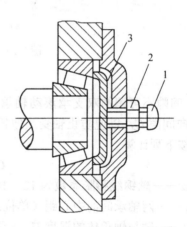

图 3-24　用螺钉调整轴向间隙

1—调整螺钉；2—锁紧螺母；3—挡盖

③ 内外套调整法。当同一根轴上装有两个圆锥滚子轴承时，其轴向间隙常用内外套进行调整，如图 3-25 所示。

这种调整是在轴承尚未装到轴上时进行的，内外套的长度是根据轴承的轴向间隙确定的。具体算法是当两个轴承的轴向间隙为零时 [图 3-25（a）]，内外套长度为

$$L_1 = L_2 - (a_1 + a_2)$$

式中　L_1——外套的长度；

　　　L_2——内套的长度；

　　　a_1 和 a_2——轴向间隙为零时轴承内外圈的轴向位移值。

当两个轴承调换位置互相靠紧后 [图 3-25（b）]，测量尺寸 A，B，则

$$A - B = a_1 + a_2$$

所以

$$L_1 = L_2 - (A - B)$$

为了使两个轴承各有轴向间隙 C，内外套的长度应有下列关系

$$L_1 = L_2 - (A - B) - 2C$$

调整间隙用的内外套应加工，其长度上偏差为零，下偏差为 -0.01mm 或 -0.02mm，两端面的平行度不得超过 0.01mm。

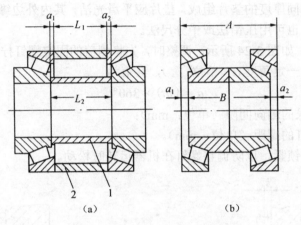

图 3-25　用内外套调整轴向间隙

1—内套；2—外套

④ 间隙不可调的双支承滚动轴承。这类轴承在安装时应将其中一个轴承的侧盖间留出一轴向间隙 C，以便防止轴受热伸长后使内外座圈发生相对位移而减小轴承的轴向间隙。C 值可按下列计算

$$C = \alpha l \Delta t + 0.15$$

式中　　α ——轴钢线膨胀系数为 12×10^{-6}（单位：$1/°\text{C}$）；

　　　　l ——两轴承间的中心距（单位：mm）；

　　　　Δt ——轴与轴承体的温度差，一般为 $10°\text{C} \sim 15°\text{C}$；

　　　　0.15——轴膨胀后的剩余轴向间隙量（单位：mm）。

在一般情况（高温除外）下，轴向间隙 C 值为 $0.25 \sim 0.4\text{mm}$。

当主轴安装三个或三个以上轴承时，必须将其中一个轴承固定在轴颈或轴承体内，防止轴向位移，其他轴承一定要留有轴向游动间隙，以使轴承在温度变化时自由移位。

3.4　传动机构的装配

3.4.1　皮带传动机构的装配

皮带传动有三角皮带传动和平皮带传动两种。皮带传动机构装配的主要技术要求是：皮带轮安装在轴上圆跳动不超过允差；两带轮的对称中心平面应重合，倾斜误差和轴向偏移误

差不超过规定要求；传动带的张紧力适当。

带轮安装在轴上一般采用过渡配合。压装时最好采用专用的螺旋压入工具（图3-26），以防歪斜。带轮安装在轴上后，可用划针盘（或百分表）检查径向圆跳动和端面圆跳动，如图3-27所示。若超过允差，可通过选配带轮解决。

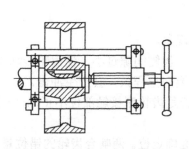

图3-26 螺旋压入工具

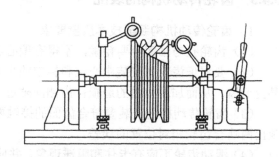

图3-27 带轮跳动量的检查

带轮相互位置的正确性一般经过调整可达到。两带轮对称中心平面的重合程度可用直尺检查，中心距较大时可用拉线检查，如图3-28所示。

安装三角皮带时，应先将三角皮带套在带轮槽中，然后转动大带轮，用手或工具将三角带拨入大带轮槽中。装好的三角皮带在带轮槽中的正确位置如图3-29（a）所示，不应陷入槽底或突出槽外，如图3-29（b）和图3-29（c）所示。

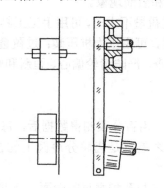

图3-28 带轮相互位置正确性的检查

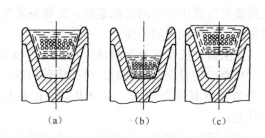

（a） （b） （c）

图3-29 三角皮带在带轮槽中的位置

若要调整传动带的张紧力，可调整两带轮间中心距或调整张紧导轮。张紧力不能太小，太小将产生跳动和皮带打滑；但也不能太大，太大将造成传动带、轴和轴承的过早磨损，并使传动效率降低。

3.4.2 链传动机构的装配

（1）套筒滚子链传动两轴的平行度偏差和水平度偏差均不应超过0.5/1000。当中心距大于500mm时，两链轮轴向偏移允差为2mm。套筒滚子大、小链轮的径向允差为0.25～1.20mm，端面跳动允差为 0.30～1.50mm。水平传动链条的下垂度为两链轮中心距的0.02倍。

（2）板式链传动滑道表面应平滑，不得有毛刺和局部突起现象，凹型槽沿不得变形扭斜，其直线度偏差在全长范围内不得超过 5mm。被动端同轴链轮的轮齿应在同一直线上，其偏差不超过 3mm。链板不得扭曲，其非工作表面的下垂度以能顺利通过支架为宜。链条托辊的上母线应在同一平面内，其高低偏差不大于 1mm。

3.4.3 齿轮传动机构的装配

1．齿轮传动机构装配技术质量要求

（1）齿轮孔与轴配合要精确，不得有偏心和歪斜现象。

（2）要保证齿轮副安装中心距和标定的齿侧间隙。齿侧间隙过小，使齿轮传动不灵活，甚至卡齿，从而加剧齿面的磨损；齿侧间隙过大，则换向空程大，会产生冲击。

（3）齿轮传动机构安装要符合齿面的接触要求。若是齿轮副接触部位不正确，一般就反映出两啮合齿轮相对位置的误差。

（4）滑动齿轮不应有卡住和阻滞现象，并应保证准确定位。两啮合齿轮的错位量不得超过规定要求。

（5）转速高的齿轮，装在轴上后应做动平衡检查。

（6）齿轮副的轴承装配要严格遵照图纸和技术文件所规定的技术质量标准。

2．圆柱齿轮传动机构装配工艺

（1）齿轮与轴的装配。齿轮在轴上有空转、滑移和固定连接三种形式。

在轴上空转或滑移的齿轮为间隙配合，装配后的精度主要取决于零件的加工精度。装配后，空转齿轮在轴上不得有晃动；滑移齿轮不得有咬住和阻滞现象。

在轴上固定的齿轮为过渡配合，有少量的过盈。若过盈量不大时，可用手工工具敲入（不得直接敲打齿轮，通常应垫上软金属）；若过盈量较大时，可用压力机压装；过盈量很大时，则需要采用液压套合的方法装配。压装齿轮时要细心检查，严防齿轮偏心、歪斜和端面未紧贴轴肩等安装误差的产生。

压配前，应将配合面清洗干净，并涂以润滑剂。

检查齿轮径向圆跳动时，可在齿轮齿间放入圆柱规，用百分表测得数据后，每转过 3～4 个齿，重复检查一次。百分表最大读数与最小读数之差就是齿轮分度圆上的径向圆跳动误差。

端面圆跳动检查，通常用百分表直接在齿轮的端面（与孔相垂直的端面）上测得读数，其最大值与最小值之差就是端面圆跳动误差。

（2）齿轮装配位置是否正确的检验项目。

① 孔中心距的检验。通常用游标卡尺和专用量具，分别测得 D_1，D_2，D_3，D_4，L_1，L_2，然后计算出孔中心距 A，如图 3-30 所示。

$$A_1 = L_1 + [(D_1/2) + (D_2/2)]$$
$$A_2 = L_1 + [(D_3/2) + (D_4/2)]$$
$$A = A_1 = A_2$$

A 的实测值应等于或小于标准规定值 0.05～0.10mm。

轴心线平行且轴心线位置可调整结构的渐开线圆柱齿轮副中心距极限偏差 $\pm f_a$（f_a 为在齿宽的中间平面上的实际中心距与公称中心距之差）应符合表 3-4 所示的规定。

表 3-4 渐开线圆柱齿轮副中心距极限偏差 $\pm f_a$

齿轮副公称中心距（mm）	齿轮副第Ⅱ公差组精度等级					
	1～2	3～4	5～6	7～8	9～10	11～12
	中心距极限偏差 $\pm f_a$（μm）					
6～10	2	4.5	7.5	11	18	45
10～18	2.5	5.5	9	13.5	21.5	55
18～30	3	6.5	10.5	16.5	26	65
30～50	3.5	8	12.5	19.5	31	80
50～80	4	9.5	15	23	37	95
80～120	5	11	17.5	27	43.5	110
120～180	6	12.5	20	31.5	50	125
180～250	7	14.5	23	36	57.5	145
250～315	8	16	26	40.5	65	160
315～400	9	18	28.5	44.5	70	180
400～500	10	20	31.5	48.5	77.5	200
500～630	11	22	35	55	87.5	220
630～800	12.5	25	40	62.5	100	250
800～1000	14.5	28	45	70	115	280
1000～1250	17	33	52.5	82.5	130	330
1250～1600	20	39	62.5	97.5	155	390
16000～2000	24	46	75	115	185	460
2000～2500	28.5	55	87.5	140	220	550
2500～3150	34.5	67.5	105	165	270	675

② 齿轮轴系平行度的检验。如图 3-31 所示，装入检验套和心棒，用游标卡尺或专用量具及样板分别测量心棒两端的尺寸 L_1 和 L_2，其平行度为

$$L_1 = L_2$$

最大允许平行度误差为

$$L_1 - L_2 = \pm 0.05\text{mm}$$

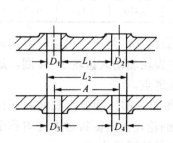

图 3-30 孔中心距的检验

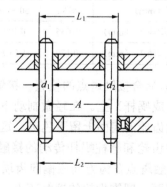

图 3-31 齿轮轴系平行度的检验

（3）齿啮合装配质量的检验和调整。

① 齿侧间隙的检查。检查侧隙的方法通常采用压铅丝法或百分表测量法。

● 压铅丝法。通常在齿面沿齿宽两端平行放置 2～4 条铅丝，铅丝直径应为侧间隙的 3～4 倍，铅丝长度应以能通过 3 个齿啮合为宜。然后转动相啮合的两个齿轮，测量铅丝被挤后最薄处的尺寸即为侧间隙，其数值应符合图纸上的要求。

● 百分表测量法。将百分表测头与一齿轮的齿面（分度圆处）接触，另一齿轮固定。将接触百分表的齿轮从某一齿一侧啮合转到另一侧啮合，百分表上的读数即为侧间隙。

若是被测齿轮为斜齿或人字齿时，其法向侧间隙 f_n 可按下式计算

$$f_n = f_t \cos \beta \cos \alpha_x$$

式中 f_n——法向侧间隙（单位：mm）；

       f_t——圆周侧间隙（单位：mm）；

       β——螺旋角（单位：°）；

       α_x——法向压力角（单位：°）。

轴心线平行且轴心线位置为可调整结构的 67 型圆弧齿圆柱齿轮副、圆柱蜗杆传动、圆弧齿圆柱蜗杆传动和圆锥齿轮副的侧间隙应分别符合表 3-5、表 3-6、表 3-7 和表 3-8 的规定。

表 3-5～表 3-8 中的标准保证侧间隙 D_c 用于闭式传动，较大保证侧间隙 D_e 用于开式传动。

表 3-5　67 型圆弧齿圆柱齿轮副侧间隙

法向模数 m_n（mm）	2～6	7～30
侧隙（mm）	$(0.04～0.06) m_n$	$(0.03～0.04) m_n$

表 3-6　圆柱蜗杆传动侧间隙

中心距（mm）	≤40	40～80	80～160	160～320	320～630	630～1250	>1250
标准保证侧间隙 D_c（mm）	0.055	0.095	0.130	0.190	0.260	0.380	0.530
较大保证侧间隙 D_e（mm）	0.110	0.190	0.260	0.380	0.530	0.750	—

表 3-7　圆弧齿圆柱蜗杆传动侧间隙

中心距（mm）	≤80	80～160	160～320	320～630
标准保证侧间隙 D_c（mm）	0.095	0.130	0.190	0.260

表 3-8　圆锥齿轮副侧间隙

锥距（mm）	≤50	50～80	80～120	120～200	200～320	320～500	500～800	800～1250
标准保证侧间隙 D_c（mm）	0.085	0.100	0.130	0.170	0.210	0.260	0.340	0.420
较大保证侧间隙 D_e（mm）	0.170	0.210	0.260	0.340	0.420	0.530	0.670	0.850

② 齿啮合接触斑点的检查。接触斑点的检查多用涂色法，是将红铅油薄而均匀地涂在小齿轮（或蜗杆）上。在轻微制动下，按工作方向以小齿轮驱动大齿轮 3～4 圈，这时红铅油就在大齿轮的齿面上留下色迹，这个色迹就叫作接触斑点。

圆柱齿轮和圆柱蜗杆传动的接触斑点应趋于齿侧面的中部；圆弧齿圆柱蜗杆传动的蜗轮，其接触斑点在齿方向应偏向齿顶，且双向运转时，蜗轮轮齿两侧接触面应对称于蜗轮齿宽中间平面；圆锥齿轮的接触斑点应趋于齿侧面的中部并接近于小端。

若是接触面积小，一般可在齿面上涂上研磨剂通过"跑合"来增加接触面积。接触斑点

的百分值应按下列公式计算

$$c_b = (b'' - c) / b' \times 100\%$$

$$c_h = (h'' / h') \times 100\%$$

式中　c_b——沿齿长方向接触斑点的百分值；

　　　c_h——沿齿高方向接触斑点的百分值；

　　　b''——接触痕迹斑点间的距离（单位：mm）；

　　　c——超过模数值的断开距离（单位：mm）；

　　　b'——齿的工作长度（单位：mm）；

　　　h''——接触痕迹平均高度（对圆柱齿轮和蜗轮）或齿长接触痕迹中部的高度（对圆锥齿轮）（单位：mm）；

　　　h'——齿的工作高度（对圆柱齿轮和蜗轮）或相应于 h'' 处的有效齿高（对圆锥齿轮）（单位：mm）。

　　齿啮合接触斑点的百分值如表 3-9 所示。表中渐开线圆柱齿轮括号内的百分值适用于轴向重合度 $\varepsilon_p > 0.8$ 的斜齿轮 67 型圆弧齿圆柱齿轮，齿高方向接触斑点的百分值是经逐级加载至额定负荷"跑合"后的百分值；齿长方向的接触痕迹应大于一个轴向齿距；圆弧齿圆柱蜗杆接触斑点百分值是在 25%额定负荷下"跑合"后的百分值，括号内的百分值是在额定负荷下"跑合"后的百分值。

表 3-9　齿啮合接触斑点的百分值

齿轮类别		测量部位	接触斑点精度等级											
			1	2	3	4	5	6	7	8	9	10	11	12
			接触斑点百分值，不得小于											
渐开线圆柱齿轮		齿高	65	65	65	60	55（45）	50（40）	45（35）	40（30）	30	25	20	15
		齿长	95	95	95	90	80	70	60	50	40	30	30	30
67 型圆弧齿圆柱齿轮		齿高	—					70	65	60	50			
		齿长	—					90	85	80	75			
圆锥齿轮		齿高	—				75	70	60	50	40	30	30	—
		齿长	—				75	70	60	50	40	30	30	—
圆柱蜗杆	运动传动	齿高	—		60	60	60	50	—					
		齿长	—		75	75	75	60						
	动力传动	齿高	—				60	60	60	50	30	—		
		齿长	—				75	70	65	50	35	—		

3．圆锥齿轮传动机构的装配工艺

　　圆锥齿轮传动机构装配时，必须使两齿轮分度圆锥相切，两锥顶重合。小齿轮的轴向位置一般由小齿轮基准面至大齿轮轴的距离来决定。如大齿轮尚未装好，可用工艺轴代替。大齿轮的轴向位置根据侧间隙决定。

　　用背锥作为基准的锥齿轮，装配时以背锥面对齐便可确定两齿轮的正确位置。

　　通常在轴向位置调整好以后，用调整垫圈厚度的方法将齿轮位置固定下来。

直齿圆锥齿轮法向侧间隙 J_n 可按下式计算

$$J_n = 2x\sin\alpha\sin\delta'$$

式中　J_n——直齿圆锥齿轮法向侧间隙（单位：mm）；

α——压力角（单位：°）；

δ'——节锥角（单位：°）；

x——齿轮轴向调整量（单位：mm）。

圆锥齿轮接触斑点常用涂色法检验。在无载时，接触斑点应靠近轮齿小端，以保证工作时轮齿在全宽上均匀接触。涂色法检验时，齿面的接触点在齿高和齿宽方向应不小于40%～60%（视齿面精度而定）。

4. 蜗轮蜗杆传动机构的装配工艺

蜗轮蜗杆传动机构的装配步骤：将蜗轮齿圈压装在轮毂上，并用螺钉固定；将蜗轮装到蜗轮轴上；将蜗轮及轴部件安装到箱体上；安装蜗杆，蜗杆轴心线位置由箱体孔确定。

蜗轮蜗杆传动机构装配时，要解决的主要问题是位置要正确。为了达到这个目的，必须控制以下几个方面的装配误差。

（1）蜗轮和蜗杆轴心线的垂直度偏差。蜗轮和蜗杆轴心线的垂直度偏差是指在装配好的蜗轮传动中，蜗杆和蜗轮轴心线相交角产生偏差，不是 90°。它是在蜗轮的宽度上以长度单位度量其扭斜的偏差，称为 δ_y（单位：mm/m），如图 3-32 所示。

蜗轮和蜗杆轴心线垂直度检查方法如图 3-33 所示。在蜗轮和蜗杆安装位置上各装检验棒 1 和 2，在检验棒 2 上套装一个摇杆 3，在摇杆 3 的另一活动端安装一个千分表，调整千分表测头，使其和检验棒 1 上的 m、n 两点接触。千分表 m、n 点读数相同，则说明蜗轮和蜗杆轴心线垂直；如 m、n 两点读数不同，其差值为 Δt（单位：mm），m、n 两点距离为 L（单位：mm），则蜗轮和蜗杆轴心线在 1m 长度上的垂直度偏差为

$$\delta_y = 1000\Delta t/L$$

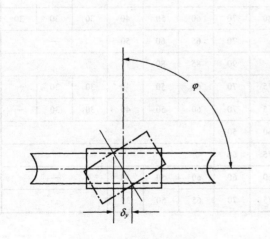
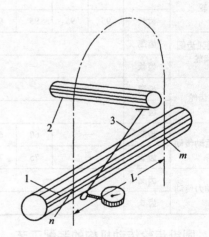

图 3-32　蜗轮轴线扭斜　　　　　图 3-33　蜗轮和蜗杆轴心线垂直度检查方法

1，2—检验棒；3—摇杆

蜗轮和蜗杆轴心线在齿宽上的垂直度允许偏差（允差）见表 3-10。

表 3-10　蜗轮和蜗杆轴心线在齿宽上的垂直度允差　　　　　　单位：μm

精度等级	轴向模数（mm）				
	1～2.5	2.5～6	6～10	10～16	16～30
7	13	18	26	36	58
8	17	22	34	45	75
9	21	28	42	55	95

（2）蜗杆与蜗轮啮合时的中心距偏差。蜗杆与蜗轮啮合时的中心距偏差是指蜗轮和蜗杆轴心线实际距离和公称距离之差 Δf_a，如图 3-34 所示。

蜗轮和蜗杆中心距可用内径千分尺测量，如图 3-35 所示。使内径千分尺两端与检验棒 1 和 2 轻轻接触，测出 H 值，则中心距 A 为

$$A = H + (D + d)/2$$

式中　D 和 d——检验棒 1 和 2 的直径。

蜗轮和蜗杆中心距的允差，见表 3-11。

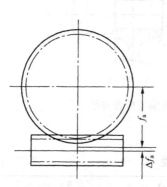

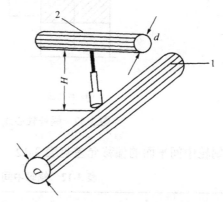

图 3-34　蜗轮与蜗杆啮合时的中心距偏差　　　　　图 3-35　蜗轮和蜗杆中心距测量

1，2—检验棒

表 3-11　蜗轮和蜗杆中心距允差　　　　　　单位：μm

精度等级	中心距（mm）					
	≤40	40～80	80～160	160～320	320～630	630～1250
7	±30	±42	±55	±70	±85	±110
8	±48	±65	±90	±110	±130	±180
9	±75	±105	±140	±180	±210	±280

（3）蜗杆轴心线与蜗轮中间平面之间的偏移量。正确的安装应使蜗杆轴心线在蜗轮轮齿的对称平面内，但安装后常出现偏差 Δl，如图 3-36 所示。

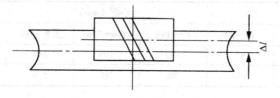

图 3-36　蜗杆轴心线与蜗轮中间平面的偏移

蜗杆轴心线与蜗轮中间平面偏差检查方法有样板和挂线法。

用样板检查时，将测量样板的一端分别紧靠在蜗轮两个侧面上，用塞尺分别测量样板与蜗杆之间的间隙 a，如图 3-37（a）所示。若测得的两 a 值相等，则说明蜗轮中间平面与蜗杆轴心线重合，没有偏移。反之，有偏移。

用挂线检查时，将经过仔细挑选的钢丝挂在蜗杆上，用塞尺或其他测量工具测出钢丝与蜗轮轮齿两端面之间的间隙 a，如图 3-37（b）所示。若测得的两 a 值相等，则说明蜗轮中间平面与蜗杆轴心线重合。

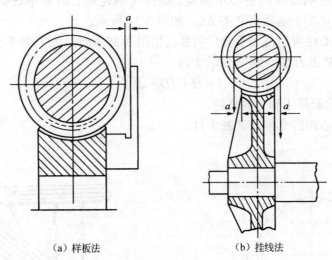

（a）样板法　　　　　（b）挂线法

图 3-37　蜗杆轴心线与蜗轮中间平面偏差检查方法

蜗轮中间平面的偏移允差见表 3-12。

表 3-12　蜗轮中间平面的偏移允差　　　　　　　　　　单位：μm

精度等级	中心距（mm）					
	≤40	40～80	80～160	160～320	320～630	630～1250
7	±22	±34	±42	±52	±65	±80
8	±36	±52	±65	±85	±105	±120
9	±55	±85	±106	±130	±170	±200

（4）蜗轮与蜗杆啮合侧间隙误差。蜗轮与蜗杆啮合侧间隙可用塞尺来检查，但大多数采用千分表进行测量。测量时，千分表测头直接触在蜗轮齿表面并垂直于齿面，使蜗杆固定不动，轻轻往返转动蜗轮，就可以从千分表上直接读出蜗轮与蜗杆之间的啮合侧间隙，此值应符合允许值。蜗轮蜗杆传动的保证侧间隙见表 3-13。

表 3-13　蜗轮蜗杆传动的保证侧间隙　　　　　　　　　单位：μm

结合形式	中心距（mm）						
	≤40	40～80	80～160	160～320	320～630	630～1250	1250
D_c	55	95	130	190	260	380	530
D_c	110	190	260	380	530	750	—

（5）蜗轮与蜗杆啮合接触面积误差。将蜗轮蜗杆装入箱体后，将红铅油涂在蜗杆螺旋面上，转动蜗杆，用涂色法检查蜗杆与蜗轮的相互位置、接触面积与接触斑点等情况。正确的接触斑点的位置应印在蜗轮中部，并稍微向蜗杆旋出方向偏移，其他斑点位置均不正确，应予以调整。正确啮合的蜗轮和蜗杆的接触面积（这里指占总面的百分比）应符合表 3-14 的规定。

表 3-14　蜗轮与蜗杆齿面接触规范

名　称		精 度 等 级		
		7	8	9
接触面积	沿齿高不少于（%）	60	50	30
	沿齿长不少于（%）	65	50	35

安装后出现的各种偏差，可以通过移动蜗轮中间平面的位置改变啮合接触位置来修正，也可刮削蜗轮轴瓦来找正中心线偏差。安装后还应检查是否转动灵活。

3.5　联轴器的安装

联轴器用于连接不同机器或部件以便将主动轴的运动及动力直接传递给从动轴。联轴器的装配包括两个内容：一个是将轮毂装配在轴上，另一个是联轴器的找正和调整。

轮毂与轴的装配大多采用过盈配合。连接分为有键连接和无键连接，装配方法可采用压入法、温差装配法及液压装配法等。

联轴器的找正是联轴器装配的关键。找正的目的是尽量使机器在达到设计要求的运转工况时，两轴的中心线在同一直线上。两轴中心线的同心度偏差过大，将使联轴器本身和传动轴受影响，甚至发生疲劳及断裂事故，同时会引起机器的振动、轴承的过早磨损、机械密封的失效等问题。因此，联轴器装配总的要求是两轴心线的同心度必须符合规定值。

3.5.1　联轴器找正时可能出现的四种情况

在联轴器安装时，可能出现下列四种情况（垂直方向）。

（1）两半联轴节的轴心线在一直线上，即 $S_1 = S_3$，$a_1 = a_3$，如图 3-38（a）所示，此处 S_1，S_3，a_1，a_3 分别表示在联轴节上方 0° 和下方 180° 两点的轴向间隙和径向间隙。

（2）两半联轴节平行，但不同轴。两轴心线之间有一平行的径向位移，即 $S_1 = S_3$，$a_1 \neq a_3$，两轴偏移 $e = (a_3 - a_1)/2$，如图 3-38（b）所示。

（3）两半联轴节虽然同心，但轴心线不平行，而且有一倾角 α，即 $S_1 \neq S_3$，$a_1 = a_3$，如图 3-38（c）所示。

（4）两半联轴节既不同心也不平行，两轴心线之间既倾斜相交又有径向偏移，即 $S_1 \neq S_3$，$a_1 \neq a_3$，如图 3-38（d）所示。

上述四种情况中，除第一种外，其余三种情况都不正确，均须进行调整找正。

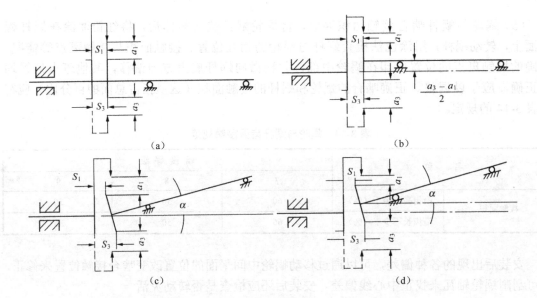

图 3-38　联轴器安装时的四种情况（垂直方向）

3.5.2　联轴器找正的方法

联轴器找正（即轴对中）的方法有多种，常用的有以下五种。

（1）用塞尺或直尺测量联轴节的同轴度误差，利用厚薄规测量联轴节平行度误差，测量方法如图 3-39（a）所示。这种方法最简单，但误差比较大。一般只用于转速较低、精度要求不高的机器。

（2）外圆、端面双表法。如图 3-39（b）所示，用两个千分表分别测量联轴器轮毂的外圆和端面上的数值，通过测得的数字进行计算分析，确定两轴在空间的位置，最后得出调整量和调整方向，达到较为精确的轴对中。这种方法应用比较广泛。其主要缺点是对于有轴向窜动的机器，在盘车时对端面读数产生误差。这一般适用于采用滚动轴承、轴向窜动比较小的中小型机器。

（3）外圆、端面三表法。从图 3-39（c）可知，三表法与上述不同之处是在端面上用两个千分表。两个千分表与轴中心线等距离对称设置，以消除轴向窜动对端面读数测量的影响。这种方法的精度很高，适用于需要精确对中的精密机器和高速机器，如汽轮机、离心式压缩机等，但此法操作、计算均比较复杂。

（4）外圆双表法。如图 3-39（d）所示为外圆双表法，用两个千分表测量外圆，其原理是通过相隔一定间距的两组外圆读数，确定两轴的相对位置，以此得知调整量和调整方向，从而达到对中的目的。这种方法的缺点是计算较复杂。

（5）单表法。如图 3-39（e）所示，它是近年来国外应用比较广泛的一种对中方法。这种方法只测定轮毂的外圆读数，不需要测定端面读数。操作测定仅用一个千分表，故称单表法。此法对中精度高，而且能用于轮毂直径小而轴端面比较大的机器的轴对中，又能适用于多轴的大型机组（如高转速、大功率的离心压缩机组）的轴对中。用这种方法进行轴对中还可以消除轴向窜动对找正精度的影响。这种方法操作方便，计算调整量简单，尤其用图解法求调整量时便于掌握，是一种比较好的轴对中方法，极易被人们所接受，正在得到推广和应用。

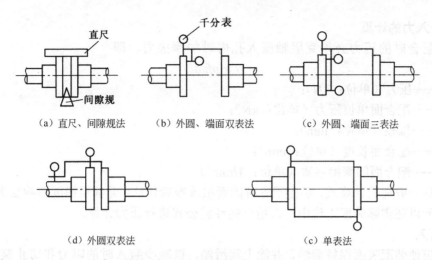

（a）直尺、间隙规法　　（b）外圆、端面双表法　　（c）外圆、端面三表法

（d）外圆双表法　　　　　　　　　（c）单表法

图 3-39　联轴器找正的方法

3.6　过盈配合件的安装

过盈配合是一种固定连接，它要求有正确的相互位置和紧固性，还要求装配时不损伤机件的强度和精度，装入简便和迅速。过盈配合的装配方法有压装配合、热装配合、冷装配合、液压无键连接装配等。

3.6.1　常温下的压装配合

常温下的压装配合适用于过盈量较小的几种静配合，它的操作方便简单，动作迅速，是最常用的一种方法。根据施力方式不同，压装配合分为锤击法和压入法两种。锤击法主要用于配合面要求较低，长度较短，采用过渡配合的连接件；压入法加力均匀，方向好控制，生产效率高，主要用于过盈配合。较小过盈量配合的小尺寸连接件可用螺旋式或杠杆式压入工具压入，大过盈量用压力机压入。

1．验收装配的机件和测量实际过盈

机件的验收主要应注意机件尺寸和几何形状偏差、表面粗糙度、倒角和圆角是否符合图纸要求，是否去掉了毛刺等。机件的尺寸和几何形状偏差超出允许范围，可能造成装不进去、机件胀裂、配合松动等后果。表面粗糙度不符合要求会影响配合质量。倒角不符合要求或不去掉毛刺，在装配过程中不易导正和可能损伤配合表面。圆角不符合要求，可能影响机件装不到预定的位置，如图 3-40 所示。

机件尺寸和几何形状的检查，一般用千分尺或 0.02mm 游标卡尺，在轴颈和轴孔长度上两个或三个截面的几个方向进行测量，而其他内容靠样板和目视进行检查。

在机件验收的同时，也就得到了相配合机件实际过盈的数据，它是计算压力、选择装配方法的主要依据。

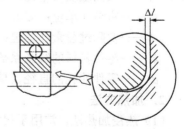

图 3-40　圆角影响装配到位

2．压入力的计算

压装配合时的压力必须克服轴压入孔内时的摩擦力，即

$$N > pf\pi dl$$

式中　　N——压力（单位：kN）；

　　　　p——配合面单位压力（单位：kN）；

　　　　d——轴径（单位：mm）；

　　　　l——配合面长度（单位：mm）；

　　　　f——配合面间摩擦系数（单位：$1/mm^2$）。

上式是一般理论计算式，但由于各种因素很难准确估计，尤其粗糙度影响很大，无法准确计算，所以在实际装配工作中，采用一些经验公式进行压力计算。

3．装入

首先应使装配表面保持清洁，并涂上润滑油，以减少装入时的阻力和防止装配过程中损伤配合表面；其次应注意均匀加力，并注意导正，压入速度不可过急过猛，否则不但不能顺利装入，而且还可能损伤配合表面，压入速度一般为 2～4mm/s，不宜超过 10mm/s；另外，应使机件装到预定位置才可结束装配工作；用锤击法压入时，还应注意不要打坏机件，为此常采用软垫加以保护。装配时如果出现装入力急剧上升或超过预定数值时，应停止装配，必须在找出原因并进行处理之后才可继续装配。出现这种情况常常是因为检查机件尺寸和几何形状偏差时不仔细，键槽有偏移、歪斜或键尺寸较大以及装入时没有导正等。

3.6.2　热装配合

热装的基本原理：通过加热包容件（孔），使其直径膨胀到一定数值，再将配合的被包容件（轴）自由送入孔中，孔冷却后，轴被紧紧地抱住，其间产生很大的连接强度，达到压装配合的要求。

热装时零件的验收和测量过盈量与压入法相同。

1．加热温度的确定

根据物理学中物体受热膨胀理论，孔直径为 d 的零件，当温度升高时，其直径膨胀的量应等于该零件材料的线胀系数 k_a 乘以 $d(t_1 - t_0)$。同时考虑到热操作方便且有把握，规定加热温度应使孔的膨胀量达到实际过盈量的 2～3 倍。常用的加热温度计算公式为

$$t = \left[(2\sim3)\,i/k_a d \right] + t_0$$

式中　　t——加热温度（单位：℃）；

　　　　t_0——室温（单位：℃）；

　　　　i——实际过盈量（单位：mm）；

　　　　k_a——零件材料的线胀系数（单位：1/℃）；

　　　　d——零件的孔的直径（单位：mm）。

2．加热方法

（1）热浸加热法。常用于尺寸及过盈量较小的连接件。这种方法加热均匀、方便，常用于加热轴承。此方法是将机油放在铁盒内加热，再将需加热的零件放入油内即可。对于忌油的连接件，则可采用沸水或蒸汽加热。

（2）氧-乙炔焰加热法。多用于较小零件的加热，这种加热方法简单，但易于过热，故

要求具有熟练的操作技术。

（3）固体燃料加热法。适用于结构比较简单，要求较低的连接件。其方法可根据零件尺寸大小，临时用砖砌成一个加热炉，或将零件用砖垫上再用木柴或焦炭加热。为了防止热量散失，可在零件表面盖一与零件外形相似的焊接罩子。此方法简单，但加热温度不易掌握，零件加热不均匀，而且炉灰飞扬，易发生火灾，故最好不用。

（4）煤气加热法。此法操作较简单，加热时无煤灰，且温度易于掌握，对大型零件只要将煤气烧嘴布置合理，亦可做到加热均匀。

（5）电阻加热法。用镍-铬电阻丝绕在耐热瓷管上，放入被加热零件的孔里，对镍-铬丝通电便可加热。为了防止散热，可用石棉板做一外罩盖在零件上，这种方法可用于有精密设备和易燃易爆物品的场所。

（6）电感应加热法。利用交变电流通过铁芯（被加热零件可视为铁芯）外的线圈，使铁芯产生交变磁场，在铁芯内与磁力线垂直方向产生感应电动势，此感应电动势以铁芯为导体产生电流。这种电流在铁芯内形成涡流。在铁芯内电能转化为热能，铁芯变热。此外，当铁芯磁场不断变动时，铁芯被磁化的方向也随着磁场的变化而变化，这种变化将消耗能量而变为热能使铁芯加热。此方法操作简单，加热均匀，无炉灰，不会引起火灾，最适合于装有精密设备和易爆易燃物品的场所。

3．加热温度的测定

加热时应注意使孔件加热均匀，并要严格控制加热温度和加热时间，以防配合表面氧化和金相组织发生变化。在现场中常用油类或金属做测试零件加热温度的材料，如机油的闪点是 200℃～220℃，锡的熔点是 230℃，纯铅的熔点是327℃；也可以用测温蜡笔及测温纸片测温；现在多数采用半导体点接触测温计测温。但前面几种方法很难测准所需加热温度，故现场常用样杆进行检测，如图 3-41 所示（图中 D 为孔的直径，i 为过盈量）。样杆尺寸按比实际过盈量大 3 倍制作。当样杆刚能放入孔时，则加热温度正合适。

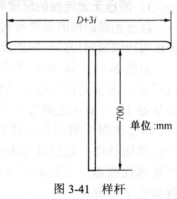

图 3-41　样杆

4．装入

装入时应去掉表面上的灰尘、污物。必须将零件装到预定位置，并将装入件压装在轴肩上，直到机件完全冷却为止。不允许用水冷却机件，避免造成内应力，降低机件的强度。

3.6.3　冷装配合

当套件较大而压入的零件较小，采用加热套件不方便，甚至无法加热时；或有些套件不准加热时，则可采用把被压入的零件低温冷却使其尺寸缩小，然后迅速将此零件装入套件中，这种方法叫冷装配合。

冷装配合的冷却温度可按下式计算

$$t = [(2\sim3)i/k_a d] - t_0$$

式中　t——冷却温度（单位：℃）；

　　　t_0——室温（单位：℃）；

　　　i——实测过盈量（单位：mm）；

　　　k_a——被冷却件材料的线胀系数（单位：1/℃）；

d ——被冷却件的公称尺寸（单位：mm）。

常用冷却剂的冷却温度为：

固体二氧化碳加酒精或丙酮	-75℃
液氨	-120℃
液氧	-180℃
液氮	-190℃

冷却前应对被冷却件的尺寸进行精确测量，并按冷却的工序及要求在常温下进行试装演习，其目的是为了准备好操作和检查的必要工具、量具及冷藏运输容器，检查操作工艺是否可行。

冷装配合要特别注意操作安全，稍不小心便会冻伤人体。

3.6.4　液压无键连接装配

液压无键连接是一种先进技术，它对高速重载、拆装频繁的连接件具有操作方便，使用安全可靠等特点。国外普遍应用于重型机械的装配，国内随着加工技术的提高和高压技术的进步，也正得到推广。

1. 液压无键连接的原理和基本结构

液压无键连接的原理是利用钢的弹性膨胀和收缩，使套件紧箍在轴上所产生的摩擦力来传递扭矩或轴向力的一种连接方式，如图 3-42 所示。

如图 3-42（b）所示采用过渡锥套，主要是为了便于加工和发生操作事故时易于更换修理。液压无键连接的示意如图 3-43 所示，此例是轧钢机万向联轴器的装配。万向联轴器 13 与轴 4 之间有一个过渡锥套 3。锥套 3 的内孔与轴 4 的配合是圆柱面滑动配合，膨胀油泵 1 的高压油进入锥套 3 与联轴器的配合面之间，使联轴器 13 受轴向推力，产生轴向移动，直至联轴器装到预定位置。当膨胀油泵卸荷时，联轴器 13 失去油压，产生弹性收缩，紧紧箍在锥套上，并使锥套弹性收缩，紧紧箍在轴上。同样的道理，拆卸也十分方便。

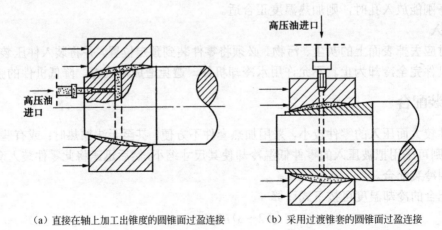

（a）直接在轴上加工出锥度的圆锥面过盈连接　　　　（b）采用过渡锥套的圆锥面过盈连接

图 3-42　圆锥面过盈连接

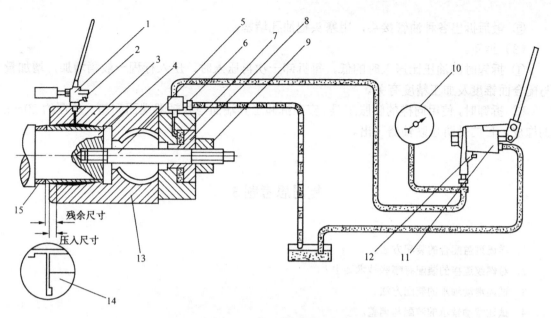

图 3-43　液压无键连接示意图

1—膨胀油泵；2—放气孔；3—锥套；4—轴；5—螺丝杆；6—放气孔；7—缸；8—活塞；

9—螺母；10—压力表；11—压入油泵；12—放气阀；13—联轴器；14—迷宫环；15—外罩

2. 液压无键连接的装配与拆卸工艺过程

（1）装配前的准备工作。

① 检查室温，最好在 16℃ 以上。

② 检查连接件的尺寸和几何形状偏差，锥表面一定要光滑清洁，油眼、油沟不能有毛刺。

③ 锥套、轴颈和联轴器内孔必须用非常干净的油清洗，用干净布擦净，不得用破布和毛织物擦洗。

④ 用砂布去掉锐棱。

⑤ 需用红丹粉检查配合锥面接触面的程度，接触面应达 60%～70%，大头可略差些，但小头一定要保证接触点良好。装配完毕后，接触面应从 70% 提高到 80%。

⑥ 采用过渡中间锥套时，要按图纸公差要求检查锥套孔和轴之间的间隙。

（2）压入。

① 在非常干净的锥套外锥面、联轴器或轴承的内锥面涂以极少许的油，其目的是为了减少摩擦阻力。

② 将联轴器锥面轻轻推到锥套的外锥面上，并用游标卡尺检查残余尺寸是否与图纸相符。

③ 接通膨胀油泵出油管，启动压入油泵，从放气孔压出空气。联轴器压入长度很小时，从配合面有极少量的油（或油泡沫）渗出是正常现象，可继续升压。如油压已达到规定值而行程尚未到达时，应稍停压入。待包容件逐渐扩大后，继续压入，达到规定行程为止。

④ 达到规定行程后，松开膨胀油泵，等待 5min 左右，再取下压入工具，其目的是防止包容件弹出而造成事故。等待时间与室温有关，室温低，等待时间长。室温为 0℃～15℃ 时，等待 10min 以上；寒冷时，等待 30min 以上。

⑤ 最后拆出各种油管接头，用塞头把油孔堵塞。

（3）拆卸。

① 拆卸时的油压比压入时的低，每拆卸一次再压入时，压入行程一般稍增加，增加量与配合面锥度及加工精度有关。

② 拆卸时，使用同样的膨胀工具。应在拆卸工具端面与联轴器端面间垫一块厚约 20mm 的橡皮，目的是防止联轴器飞出。

复习思考题 3

1. 详述过盈配合的装配方法。
2. 对螺纹连接的装配有哪些技术要求？
3. 试述滑动轴承的装配方法。
4. 试述滚动轴承的装配与调整。
5. 简述螺纹防松装置的作用。
6. 什么是键连接？键连接的装配工艺要点是什么？
7. 销连接装配的作用、销的种类及销连接装配工艺要点是什么？
8. 简述联轴器的功能和联轴器找正的方法。
9. 简述齿轮传动机构装配技术质量要求。
10. 简述圆柱齿轮传动机构的装配工艺。

第 **4** 章　典型机电设备的安装工艺

4.1　金属切削机床的安装工艺

4.1.1　金属切削机床的分类和普通机床型号的意义

金属切削机床是机械制造的主要加工设备,它通过刀具的切削运动将金属毛坯加工成所要求的机器零件,是制造机器的机器,通常又称为工作母机或工具机,习惯上称为机床。在一般的机械制造厂中,机床约占机器设备总数的 50%~70%,所担负的加工工作量占机器制造总工作量的 40%~60%,机床的技术性能直接影响机械制造业的产品质量和生产率。

1. 金属切削机床的分类

（1）基本分类法。

基本分类法是按加工性质和所用刀具对金属切削机床进行分类。目前我国机床分为十二类：车床、钻床、镗床、磨床、齿轮加工机床、螺纹加工机床、铣床、刨插床、拉床、超声波及电加工机床、切断机床及其他机床。

（2）其他分类法。

除了基本分类法外,还可按机床具有的特性进行分类。按机床的通用化程度可分为通用机床、专门化机床和专用机床。按机床的加工精度可分为普通精度机床、精密精度机床和高精度机床。按机床的自动化程度可分为手动机床、机动机床、半自动机床和自动机床。按机床的质量不同可分为仪表机床,中型机床、大型机床和重型机床。

2. 金属切削机床型号的编制方法

我国的机床型号是按 2008 年颁布的标准 GB/T 15375—2008《金属切削机床型号编制方法》编制而成的,即采用汉语拼音字母和阿拉伯数字相结合的方式来表示机床型号。

下面具体介绍通用机床、专用机床、组合机床及其自动线的分类代号表示方法。

（1）通用机床型号。

通用机床型号编制方法有以下几个要点。

① 机床的类别代号。机床的类别代号用汉语拼音大写字母表示，如"车床"的汉语拼音是"chechuang"，用"C"表示。机床的类别代号见表 4-1。

表 4-1　机床的类别代号

类别	车床	钻床	镗床	磨床			齿轮加工机床	螺纹加工机床	铣床	刨插床	拉床	电加工机床	切断机床	其他机床
代号	C	Z	T	M	2M	3M	Y	S	X	B	L	D	G	Q

② 机床的特性代号。机床的特性代号用汉语拼音大写字母表示。

● 通用特性代号。当某类型机床除了有普通形式外，还有某种通用特性时，则在类别代号之后用通用特性代号予以区别，机床通用特性代号见表 4-2。

表 4-2　机床通用特性代号

通用特性	高精度	精密	自动	半自动	数字程序控制	自动换刀	仿形	万能	轻型	简式
代　号	G	M	Z	B	K	H	F	W	Q	J

● 结构特性代号。为了区别主参数相同而结构不同的机床，在型号中用汉语拼音字母区分。结构特性代号的字母由各生产厂家自己确定，在不同型号中的意义可以不一样。当机床有通用特性代号时，结构特性代号应排在通用特性代号之后。通用特性代号已用的字母及字母"I"和"O"都不能作为结构特性代号。

③ 机床的组别和型别代号。机床的组别和型别代号用两位数字表示。每类机床按用途、性能、结构相近或有派生关系分为 10 组（从 0～9 组），每组中又分为 10 型（从 0～9 型）。机床的类、组、型的划分及其代号可查阅有关资料。

④ 主参数的代号。主参数是代表机床规格大小的一种参数，在机床型号中用阿拉伯数字表示，通常用主参数的折算值（1/10 或 1/100）来表示。在型号中第三及第四位数字都是表示主参数的，有关表示方法可查阅有关资料。

⑤ 机床重大改进序号。当机床的性能和结构有重大改进时，按其设计改进的次序分别用汉语拼音大写字母"A，B，C……"表示，附在机床型号的末尾。

（2）专用机床型号。

专用机床型号由北京机床研究所统一规定。凡无代号或新成立的单位，均可向北京机床研究所申请授予。

（3）组合机床及其自动线型号。

设计单位的代号及设计顺序号与专用机床型号的表示方法相同。重大改进顺序号选用的原则与通用机床相同。

各类组合机床及其自动线的分类代号见表 4-3。

表 4-3　各类组合机床及其自动线的分类代号

分　类	代　号	分　类	代　号
大型组合机床	U	大型组合机床自动线	UX
小型组合机床	H	小型组合机床自动线	HX
自动换刀数控组合机床	K	自动换刀数控组合机床自动线	KX

3．金属切削机床的运动

各种类型的机床，为了进行切削加工以获得所需的具有一定几何形状、一定精度和表面质量的工件，必须使刀具与工件完成一系列运动。这些运动按其功能可分为表面成形运动和辅助运动。

（1）表面成形运动。

直接参与切削过程，使工件表面形成一定几何形状的刀具与工件之间的相对运动，称为表面成形运动。如图 4-1 所示为工件的旋转运动 I 和车刀的纵向直线移动 V，形成圆柱面的成形运动。

表面成形运动又可分为主运动和进给运动。

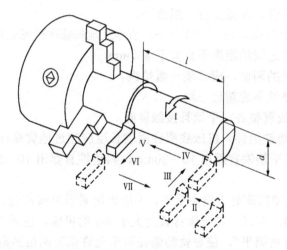

图 4-1　金属切削机床的运动

（2）辅助运动。

除表面成形运动外，机床在切削加工过程中所必需的其他运动都是辅助运动。例如图 4-1 中所示的为保证获得一定加工尺寸所需的车刀切入运动 IV，为创造加工条件的快速引进车刀的运动 II、III，快速返回运动 VI、VII，都是机床的辅助运动。

4．金属切削机床的技术性能

（1）工艺范围。是指机床适应不同生产要求的能力，即在机床上能够完成的工序种类、能加工零件的类型与大小以及适用的生产规模等。

（2）技术参数。机床的主要技术参数有尺寸参数、运动参数和动力参数。

尺寸参数是指机床的主要结构尺寸，运动参数是指机床执行件的运动速度，动力参数主要是指机床的电机功率。

（3）加工质量。主要指机床加工精度和表面粗糙度。即在正常工艺条件下，机床加工的零件所能达到的尺寸、形状和位置精度及表面粗糙度。各种通用机床的加工精度和表面粗糙度在国家制定的机床精度标准中都有规定。机床的加工精度主要由机床本身的精度来保证。

（4）自动化程度。自动化程度高的机床可以减少工人操作水平对加工质量的影响程度，有利于产品质量的稳定和提高劳动生产率。

（5）人机关系。人机关系主要指机床应操作方便、省力、安全可靠，易于维护和修理等。

（6）成本。选用机床时应根据加工零件的类型、形状、尺寸、技术要求和生产批量等，选择技术性能与零件加工要求相适应的机床，以充分发挥机床的性能，取得较好的经济效益。

4.1.2　常用机床的安装工艺要点

1．一般规定

（1）机床的垫铁和垫铁组应符合下列要求。

① 垫铁的形式、规格和布置位置应符合设备技术文件的规定；当无规定时，应符合下列要求。

- 每一地脚螺栓近旁，应至少有一组垫铁。
- 垫铁组在能放稳和不影响灌浆的条件下，宜靠近地脚螺栓和底座主要受力部位的下方。
- 相邻两个垫铁组之间的距离不宜大于 800mm。
- 机床底座接缝处的两侧，应各垫一组垫铁。
- 每一垫铁组的垫铁不应超过三块。

② 每一垫铁组应放置整齐、平稳且接触良好。

③ 机床调平后，垫铁组伸入机床底座底面的长度应超过地脚螺栓的中心，垫铁端面应露出机床底面的外缘，平垫铁宜露出 10～30mm，斜垫铁宜露出 10～50mm，螺栓调整垫铁应留有再调整的余量。

（2）调平机床时应使机床处于自由状态，不应采用紧固地脚螺栓、局部加压等方法或强制机床变形使之达到精度要求。对于床身长度大于 8m 的机床，达到"自然调平"的要求有困难时，可先经过"自然调平"，使导轨的偏差调至允许偏差两倍的范围内，然后可借助紧固地脚螺栓等方法，强制机床达到精度要求。

（3）检验机床，所用检验工具的精度应高于被检对象的精度要求，检具偏差应小于被检验项目公差的 25%。

（4）组装机床的部件和组件应符合下列要求。

① 组装的程序、方法和技术要求应符合设备技术文件的规定，出厂时已装配好的零件、部件，不宜再拆装。

② 组装的环境应清洁，精度要求高的部件和组件的组装环境应符合设备技术文件的规定。

③ 零件、部件应清洗洁净，其加工面不得被磕碰、划伤和产生锈蚀。

④ 机床的移动、转动部件组装后，其运动应平稳、灵活、轻便、无阻滞现象，变位机构应准确可靠地移到规定位置。

⑤ 平衡锤的升降距离应符合机床相关部件移动最大行程的要求，平衡锤与钢丝绳或链条应连接牢固。

⑥ 组装重要和特别重要的固定结合面应符合下列要求。

- 重要固定结合面应在紧固后采用塞尺进行检查，且不得插入；特别重要的固定结合面，应在紧固前和紧固后均采用塞尺进行检查，且不得插入；结合面与水平面垂直的特别重要的固定结合面，应在紧固后检查。采用塞尺的厚度应符合表 4-4 的规定。

表 4-4 检查重要和特别重要的固定结合面应用的塞尺厚度 单位：mm

机床精度等级	塞尺厚度
Ⅲ	0.02
Ⅳ	0.03
Ⅴ	0.04

注：重要和特别重要的固定结合面的划分应符合国家标准《金属切削机床精度分级》GB/T 25372—2010 的规定。

● 当采用表 4-4 规定的塞尺检查时，允许一至两处插入。其插入深度应小于结合面宽度的 1/5，但不得大于 5mm；插入部位的长度应小于或等于结合面长度的 1/5，但每处不得大于 100mm。

⑦ 滑动、移置导轨应采用 0.04mm 塞尺检查，塞尺在导轨、镶条、压板结合面的插入允许深度应符合表 4-5 的规定。

表 4-5 检查导轨、镶条、压板结合面的塞尺插入允许深度 单位：mm

机床重量（t）	插入允许深度	
	Ⅳ级和Ⅴ级精度等级机床	Ⅲ级和Ⅲ级以上精度等级机床
≤10	20	10
>10	25	15

注：移置导轨按工作状态检验。

⑧ 滚动导轨面与所有滚动体均应接触，其运动应轻便、灵活和无阻滞现象。

⑨ 多段拼接的床身导轨在接合后，相邻导轨导向面接缝处的错位量应符合表 4-6 的规定。

表 4-6 相邻导轨导向面接缝处的错位量

机床重量（t）	错位量（mm）
≤10	≤0.003
>10	0.003～0.005

⑩ 镶条装配后应留有调整的余量。

⑪ 定位销与销孔应接触良好，重要的定位锥销的接触长度不得小于工作长度的 60%，并应均匀分布在接缝的两侧；销装入孔内的深度应符合销的规定，并能顺利取出；销装入后需要重新调整连接件时，应将销取出后方可调整。

（5）有恒温要求的机床进行精度检验时，必须在规定的恒温条件下进行检验；所用检具应先放在检验机床的场所，待检具与机床的场所等温后方可使用。

（6）机床在空负荷下运转前应符合下列要求。

① 机床应组装完毕并清洗洁净。

② 与安装有关的几何精度经检验应合格。

③ 应按机床设备、技术文件的要求加注润滑剂。

④ 安全装置调整应正确、可靠，制动和锁紧机构应调整适当。

⑤ 各操作手柄转动应灵活，定位应准确，并应将手柄置于"停止"位置上。

⑥ 液压、气动系统运转应良好。

⑦ 磨床的砂轮应无裂纹和碰损等缺陷。

⑧ 电机的旋转方向应与机床标明的旋转方向相符。

（7）机床的空负荷运转试验，应符合下列要求。

① 空负荷运转的操作程序和要求应符合设备技术文件的规定。一般应由各运动部件至单台机床，由单台机床至全部自动线，并应先手动，后机动。当不适于手动时，可点动或低速机动，从低速至高速地进行。

② 安全防护装置和保险装置应齐备和可靠。

③ 机床的主运动机构应符合下列要求。

● 应从最低速度起依次运转，每级速度的运转时间不得少于 2min。

● 采用交换齿轮。皮带传动变速和无级变速的机床，可做低、中、高速运转；对于由有级和无级变速组合成的联合调速系统，应在有级变速的每级速度下，做无级变速的低、中、高速运转。

● 机床在最高速度下运转的时间，应为主轴轴承或滑枕达到稳定温度的时间；在最高速度下连续试运转应由建设单位会同有关部门制订安全和监控措施。

④ 进给机构应做低、中、高进给量或进给速度的试验。

⑤ 快速移动机构应做快速移动的试验。

⑥ 主轴轴承达到稳定温度时，其温度和温升不应超过表 4-7 的规定。

表 4-7　主轴轴承的温度和温升

轴承类型	温度（℃）	温升（℃）
滑动轴承	60	30
滚动轴承	70	40

注：机床经过一定时间的动转后，其温度上升每小时不超过 5℃时，可认为已达到了稳定温度。

⑦ 机床的动作试验应符合下列要求。

● 选择一个适当的速度，检验主运动和进给运动的启动、停止、制动、正反转和点动等，应反复动作 10 次，其动作应灵活、可靠。

● 自动和循环自动机构的调整及其动作应灵活、可靠。

● 应反复交换主运动或进给运动的速度，变速机构应灵活、可靠，其指示应正确。

● 转位、定位、分度机构的动作应灵活、可靠。

● 调整机构，锁紧机构、读数指示装置和其他附属装置应灵活、可靠。

● 其他操作机构应灵活、可靠。

● 数控机床除应按上述 6 项检验外，还应按有关设备标准和技术条件进行动作试验。

⑧ 具有静压装置的机床，其节流比应符合设备技术文件的规定；"静压"建立后，其运动应轻便、灵活；"静压"导轨运动部件四周的浮升量差值，不得超过设计要求。

⑨ 电气、液压、气动、冷却和润滑系统的工作应良好、可靠。

⑩ 测量装置的工作应稳定、可靠。

⑪ 整机连续空负荷运转的时间应符合表 4-8 的规定，其运转过程不应发生故障和停机现象，自动循环之间的休止时间不得超过 1min。

表 4-8 整机应连续空负荷运转的时间

机床控制形式	机械控制	电液控制	数字控制	
			一般数控机床	加工中心
时间（h）	4	8	16	32

（8）当需用的专用检具未随设备带来，而现场又没有规定的专用检具时，可采用与本规定同等效果的检具和方法检验机床的几何精度。

2．金属切削机床的安装方法

现以双柱立式车床为例，说明机床安装的基本方法。

（1）建造基础和安放垫铁。

基础一般由土建部门负责建造。安装机床前，应按《钢筋混凝土工程施工及验收规范》认真进行验收。

地脚螺栓位置的正确与否对机床的安装质量影响很大，因此地脚螺栓的距离尺寸一定要量准。在安装中，常常会发现设计的位置尺寸与机床上的实际尺寸相差很大，因此在基础施工中大多采用预留孔眼的方法。但孔眼过大，对整个基础的质量也有影响，所以在施工中也可采取一次埋设地脚螺栓的办法。在测量位置尺寸时，可采用样板测定法，即用 1.5mm 厚的钢板覆在立柱底部，根据立柱底部地脚螺栓孔的中心，在样板上做出中心线，然后在中心点钻上小孔。变速箱钢板地脚螺栓位置的测定也可采用这种方法。机座部分因不便于做样板，可采用拉线的办法来测定尺寸。

每个地脚螺栓应有独立的固定架，如图 4-2 所示，一般用 70mm × 70mm × 6mm 的角钢和 300mm × 300mm × 8mm 的钢板焊接而成，在钢板上根据样板地脚螺栓中心点钻孔。为避免预放地脚螺栓位置在测量或施工中产生误差，可在地脚螺栓上串一个薄钢板做成的直径为 150mm、长为 300mm 的圆盒。地脚螺栓的标高和垂直度经测量合格后，将地脚螺栓固定。

一般情况下，50t 以上的精密机床基础在混凝土达到设计强度后，应进行预压试验。加压的重量为设备总重加上最大工件重量的 2 倍，重量要均匀分布在基础顶面，加压时间为 5～6 昼夜。在加压期间用水准仪观察基础的沉降情况，直到基础不再下沉为止。

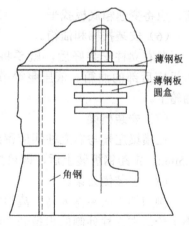

图 4-2 地脚螺栓固定架

基础验收合格后即可放线，安放垫铁。安放垫铁时，先在基础的垫铁位置上抹一层厚 15～20mm 的水泥砂浆，然后放上垫铁并找平。变速箱钢板后面的垫铁，其中应有一块是小型且可调的，以便安装油箱时用于调整。

（2）安装变速箱底板与机座。

在地脚螺栓一次浇灌混凝土的情况下，变速箱底板必须先安上。由于底板为非加工面，所以根据底板与机座接触部分的平面来找平。

安装机座时，吊装必须平正。由于机座底部没有经过加工，所以当安放到已经找平的垫铁上时，机座很不容易和每块垫铁面完全接触。当接触不良时，可在机座与垫铁间选择适当厚度的钢板插入，钢板以不超过两块为限。

（3）安装工作台及操纵台。

吊装工作台时，要将卡环固定在离工作台中心等距离的对称环槽中，卡环固定要紧。把工作台装到机座上时，要先在工作台主轴上的键两边用铅笔引出两直线到端面上；当工作台主轴装入机座轴套时，由一人先进入机座内，从孔中伸出头来看，待键与键槽引出的两条线对齐后，工作台可渐渐落下，这样便可顺利进行装配。

当工作台装好后，将主轴的轴承落到最低位置，然后使工作台升起 0.02mm。在工作台离中心等距离的地方，放上两块量块，在量块上放检验平尺，在检验平尺上放精密水平仪，然后转动工作台，每转 90° 记录一次水平仪读数。工作台的水平允差为 0.02mm。

机座与工作台找平后，即可将地脚螺栓拧紧。

在找平工作台的同时，将操纵台安装到规定的位置上，并拧紧地脚螺栓，等液压泵、油箱装好后，便可开始配置管路。

（4）安装平衡锤。

在安装侧刀架平衡锤时，应先把平衡锤分段放置在地上，使中心孔对准后，再将连接杆插入，这样一次就能把平衡锤吊起放入平衡锤坑中。

（5）安装左右立柱。

在起吊立柱前，先把立柱两侧横梁的边缘与横梁接触面上的漆用苯擦去。安装立柱前，先把孔内平衡锤四周突出的地方铲平，因平衡锤与立柱孔的间隙只有 4mm，这样做可避免以后平衡锤在立柱孔内升降时受到阻碍。

安装立柱时，要对准定位销孔的前后位置，然后拧紧固定螺钉并安装定位销，两者都要预先浸一层油。左右立柱安装完毕后，应先吊装变速箱，以免安上横梁后挡着。吊装变速箱前，应将变速箱底板找平。

（6）安装扶梯和油箱。

左右立柱安装好后，就要将立柱两旁的扶梯安装好，以便进行上部的工作。同时，将机床后部的油箱、液压泵等吊运过去，在油箱坑下铺几块木板，将液压泵和滤油器装在油箱上。

（7）安装横梁。

在横梁左端与右立柱间应留出放置定距钢板的间隙，留出的间隙约比定距钢板的厚度大0.5mm。定距钢板装上后，即可拧紧紧固螺钉。

（8）安装侧刀架。

侧刀架不应装得太高，离地面 0.5m 即可。安装时要注意转动升降侧刀架的手轮，使其小齿轮与右立柱外侧的齿条结合好后，再紧固压板。此时侧刀架与平衡锤还不能连接，所以侧刀架下应用千斤顶支持。

（9）安装大刀架。

安装大刀架前，应拆去压板和传动螺杆的螺母。由于大刀架和左右立柱的装配间隙很小，所以起吊时要平正，靠近立柱导轨面时应缓缓放下，以免冲击。装压板时，为方便起见，压板弹簧可暂时不装，因为这时大刀架的传动螺杆尚未安装，仅靠压板不能固定刀架，所以在两立柱内侧，用两个千斤顶来支持大刀架。此时还须安装主电动机和变速箱两侧传动自动进给的轴与齿轮箱，以及主电动机传动主轴等附属设备。

当主电动机的主轴联轴器安装好后，在主电动机钢板上钻孔、攻螺纹，用螺钉固定电动机。风扇的位置须根据主电动机来确定。

（10）安装升降减速箱和垂直刀架。

安装升降减速箱时，应先拧紧箱底与立柱的连接螺钉，然后装配传动自动进给的外花键和大刀架升降的左右丝杠。安装丝杠前，应检查螺纹间是否有毛刺，如有，应用油石磨光。等丝杠装好后即可搬去支持大刀架的千斤顶。减速箱装好后，便可进行顶盖、顶部周围的栏杆、传动大刀架、升降电动机、传动轮及刀架左右走台等的安装工作，并调整大刀架的水平位置。

安装垂直刀架时，锥齿轮孔应对准大刀架预设的装配孔，使齿轮的齿对好，并装好传动垂直刀架升降的底轴。左右垂直刀架安装好后，把压紧刀杆平衡锤的木梁撤去。

（11）安装润滑与液压系统。

机床液压传动和主要部位的润滑系统都使用同一齿轮泵。齿轮泵在机床运转时，经常供给润滑油，但在变速箱进行齿轮变速时，则停止供给润滑油，而进行液压传动。以上工作全部由操纵台控制。油管均随机床带来并已弯成合适的形状，应首先把它清洗干净，然后进行安装。

油管安装好后，开动齿轮泵并将工作台吊起，检查机座导轨面润滑油流量是否正常。另一润滑工作台主轴承的油管应固定在机座上，并注意工作台转动时是否与油管相碰。

（12）检查和试运转。

机床安装完毕，应进行一次全面检查。然后，接通电源，开动电动机，进行试运转。首先，低速运转约 10min，然后由慢而快，逐渐增大转速。各部分试运转合格后，再进行整机试运转，直至合格为止。

试运转中应注意以下事项：

① 改变速度或运动方向必须在停车后进行。

② 变换速度手柄时，要准确地扳到一定的位置上，使内部齿轮结合良好。

③ 自动控制装置，如限位终端开关等，必须先通电；手动试验证实灵敏可靠后，才能试验机床的自动控制装置。

④ 液压传动设备必须先检查液压系统是否漏油、漏气及油压是否合乎规定，一切均调整正常后，才能进行液压传动试验。

4.1.3 机床的精度检验

下面以车床为例，说明机床精度的检验方法。

1. 溜板移动在垂直平面内的直线度检验

检验时，在溜板上按床身导轨纵、横向各放一个水平仪。然后，移动溜板，在全行程上每隔 500mm 测量一次（溜板行程小于 1m 者，至少测量 3 个地方）。直线度以纵向水平仪读数进行计算，其值应符合表 4-9 的规定。

表 4-9   溜板移动在垂直平面内的直线度

机床名称	溜板行程（m）	每米行程内直线度不应超过的值（mm）	全行程内直线度不应超过的值（mm）
卧式车床	≤0.5 0.5~1	—	0.015 0.02
卧式车床	1~2 2~4 4~8 8~12 12~16	0.02	0.04 0.06 0.08 0.10 0.12
精密车床	≤0.5 0.5~1	—	0.10 0.015
精密车床	1~2	0.015	0.025

2. 溜板移动时的倾斜度检验

机床溜板移动时的倾斜度以每米行程内和全行程内横向水平仪读数的最大代数差计，其值应符合表 4-10 的规定。

表 4-10   溜板移动时的倾斜度

机床名称	溜板行程（m）	每米行程内倾斜度不应超过的值（mm）	全行程内倾斜度不应超过的值（mm）
卧式车床	≤0.5 0.5~1	—	0.02/1000 0.03/1000
卧式车床	1~2 2~4 4~8 8~12 12~16	0.03	0.04/1000 0.05/1000 0.08/1000 0.10/1000 0.10/1000
精密车床	≤1	—	0.02/1000
精密车床	1~2	0.02	0.03/1000

3. 溜板移动对主轴轴心线平行度的检验

检验时，在主轴孔中插一根检验棒，在溜板上固定两只百分表，百分表的触头分别顶在检验棒的上母线 a 和侧母线 b 上，移动溜板，进行测量（图 4-3）。a、b 处分别计算，取百分表读数的最大差值，然后将主轴旋转 180° 进行同样的测量，并再计算一次。平行度取两次计算结果的平均值，并应符合表 4-11 的规定。

表 4-11   溜板移动对主轴轴心线的平行度

床身最大工件回转直径（mm）			≤320	320~800	800~1250
测量长度 L（mm）			200	300	500
平行度 不应超 过的值 （mm）	卧式 车床	a 处 b 处	0.02 0.01	0.03 0.015	0.08 0.03
	精密 车床	a 处 b 处	0.01 0.007	0.015 0.01	— —

注：检验棒伸出的一端，应向上偏和向前偏。

4. 主轴锥孔轴心线和尾座顶尖套锥孔轴心线对溜板移动的等高度检验

检验时，在主轴锥孔和尾座顶尖锥孔中各插一根直径相等的检验棒，在溜板上固定百分表。移动溜板，在检验棒两端的上母线上测量（图 4-4）。等高度以百分表读数差计，其值应符合表 4-12 的规定。

表 4-12　主轴锥孔轴心线和尾座顶尖套锥孔轴心线对溜板移动的等高度

床身上最大工件回转直径（mm）	≤400	400～800	800～1250
等高度不应超过的值（mm）	0.06	0.10	0.16

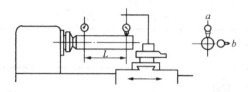

图 4-3　溜板移动对主轴轴心线平行度的检验

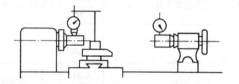

图 4-4　主轴锥孔轴心线和尾座顶尖套锥孔轴心线对溜板移动的等高度检验

4.1.4　金属切削机床安装的验收和检验标准

机床安装后应立即进行验收，并且一般是由机床的使用单位向安装单位验收。验收完毕后，机床才能投入生产。

下述金属切削机床安装验收时的检验标准适用于车、钻、镗、铣、刨、磨等各类机床。

1. 定位检验

机床安装基准线和建筑轴线距离、机床平面位置、机床标高的允差及检验方法见表4-13。

表 4-13　机床安装的定位允差及检验方法

项次	项　目	允差（mm）	检 验 方 法
1	安装基准线与建筑轴线距离	±20	用钢卷尺检查
2	安装基准线与机床平面位置	±10	用水准仪和钢直尺检查
3	安装基准线与机床标高	+20 −10	

2. 地脚螺栓和垫铁的检验

（1）地脚螺栓的安装应垂直，螺母应旋紧，松紧程度要一致。螺母与垫圈、垫圈与机床底座间的接触应紧密。

（2）垫铁应安放平稳，位置正确，接触紧密，每组应不超过 3 块。承受主要负荷的成对斜垫铁应点焊牢固。

（3）需要防震的机床，应加防震层。支承用的调整螺钉，其伸出长度不应大于螺钉直径。

3. 机床安装检验

（1）整体安装见表 4-14 和表 4-15。

（2）解体安装见表 4-16～表 4-23。

表 4-14　机床床身纵、横向水平度的允差和检验方法

项次	项目		允差	检验方法
1	卧式车床、转塔车床		$\frac{0.04}{1000}$	移动溜板，在车身导轨两端检查。中心距大于 2m 时，中间应增加 1 个检查点
2	精密车床		$\frac{0.02}{1000}$	
3	单轴自动车床		$\frac{0.04}{1000}$	在床面上检查
4	卧式多轴自动车床		$\frac{0.04}{1000}$	在纵刀架上表面检查
5	立式车床		$\frac{0.04}{1000}$	通过检具在工作台面上检查
6	立式钻床		$\frac{0.04}{1000}$	在工作台面中间检查（工作台应置于经常使用的位置）
7	摇臂钻床		$\frac{0.04}{1000}$	在底座工作面上按对角线通过检验平尺检查
8	卧式镗铣床		$\frac{0.04}{1000}$	移动工作台在床身导轨两端及中间检查
9	牛头刨床		$\frac{0.04}{1000}$	横向在横导轨两端检查，纵向在垂直导轨上检查（工作台应置于导轨中间位置）
10	精密铣床		$\frac{0.02}{1000}$	在工作台中央检查（工作台应置于中间位置）
11	螺纹铣床		$\frac{0.04}{1000}$	床身长度小于或等于 1m，在铣刀架上检查。床身长度大于 1m，纵向在床身导轨上检查，横向在铣刀架上检查
12	卧式拉床		$\frac{0.04}{1000}$	移动检具，在床身导轨两端检查
13	立式拉床		$\frac{0.04}{1000}$	通过检具，在工作台面上检查
14	普通插床		$\frac{0.04}{1000}$	通过检具，纵向在工作台导轨中间检查，横向在导轨两端检查
15	内圆磨床、螺纹磨床（磨削长度小于或等于 1m）		$\frac{0.02}{1000}$	
16	平面磨床、外圆磨床、万能磨床、花键磨床	纵向	$\frac{0.02}{1000}$	在工作台面中央检查（工作台置于床身中间位置）
		横向	$\frac{0.04}{1000}$	
17	高精度平面磨床		$\frac{0.02}{1000}$	
18	工具磨床		$\frac{0.04}{1000}$	
19	无心磨床		$\frac{0.02}{1000}$	移动检具，在车身导轨两端检查

续表

项次	项　目	允差	检 验 方 法
20	滚齿机 工件直径小于或等于0.8m 工件直径大于0.8m	$\frac{0.02}{1000}$ $\frac{0.03}{1000}$	立柱可移动的：纵向在床身导轨两端检查，横向通过检验平尺在导轨两端检查 工作台可移动的：通过工作台在床身导轨两端检查
21	插齿机、剃齿机	$\frac{0.04}{1000}$	通过检具在工作台上检查
22	螺旋锥齿轮铣床	$\frac{0.04}{1000}$	通过检验平尺，在工作台弧形导轨滑动面上检查
23	磨齿机	$\frac{0.02}{1000}$	纵向在导轨两端检查，横向通过检验平尺在导轨两端检查
24	金属圆锯床	$\frac{0.04}{1000}$	在工作台面或导轨上检查
25	金属弓锯床	$\frac{0.10}{1000}$	在床身加工面上检查
26	小型龙门刨床	$\frac{0.04}{1000}$	通过检具在导轨上检查。纵向每0.5m检查1点，横向每1m检查1点

注：1. 全部项次均为关键项。
　　2. 整体安装精密丝杠车床，应按解体安装中的有关规定进行检查。

表 4-15　机床床身在纵向铅垂面内直线度的允差和检验方法

项次	项目			允差（mm）	检验方法
1	小型龙门刨床	每米		0.02	通过检具在导轨上每0.5m检查1点
		全长	≤4m	0.03	
			4~8m	0.04	
2	坐标镗床（每米）			0.01	移动工作台，每0.25m检查1点（龙门式镗床只检查床身导轨）

表 4-16　机床床身纵、横向水平度的允差和检验方法

项次	项　目	允差	检 验 方 法
1	精密丝杠车床	$\frac{0.02}{1000}$	通过检具在床身导轨两端检查。中心距大于2m时，中间应增加1个检查点
2	重型车床	$\frac{0.04}{1000}$	通过检具在床身导轨上检查。纵向，导轨长度小于或等于6m，每0.5m检查1点；大于6m，每1m检查1点。横向，每1m检查1点
3	双柱立式车床	$\frac{0.04}{1000}$	有平导轨的床身，直接或通过检具在导轨上每隔90°的位置上检查；有V形导轨的床身，通过检具在导轨上或工作台上检查
4	卧式镗铣床	$\frac{0.04}{1000}$	通过检具在床身导轨两端及中间检查
5	落地镗铣床	$\frac{0.04}{1000}$	通过检具在床身导轨上检查。纵向每0.5m检查1点，横向每1m检查1点
6	龙门刨床、龙门铣床	$\frac{0.04}{1000}$	

续表

项次	项 目		允差	检 验 方 法
7	大型插床		$\dfrac{0.04}{1000}$	纵向在车身导轨两端检查，横向通过检具在导轨上检查
8	导轨磨床		$\dfrac{0.02}{1000}$	通过检具在床身导轨上每0.5m检查1点
9	重型外圆磨床	纵向	$\dfrac{0.02}{1000}$	通过检具在装砂轮架滑座的床身导轨上每0.5m检查1点
		横向	$\dfrac{0.04}{1000}$	

注：1．全部项次均为关键项。
2．大型滚齿机床身纵、横向水平度的允差和检验方法同表4-14第20项规定。

表 4-17　机床床身导轨在铅垂面内直线度的允差和检验方法

项次	项 目				允差	检 验 方 法
1	精密丝杠车床			每米	$\dfrac{0.010}{1000}$	用水平仪垂直于床身导轨，通过检具在导轨上每0.5m检查1点
			全长	≤2m	$\dfrac{0.015}{1000}$	
				2～4m	$\dfrac{0.020}{1000}$	
				4～8m	$\dfrac{0.025}{1000}$	
				8～12m	$\dfrac{0.030}{1000}$	
2	重型车床	工件直径	≤0.8m	每米	$\dfrac{0.02}{1000}$	用水平仪垂直于床身导轨，通过检具在导轨上每1m检查1点
				全长 ≤8m	$\dfrac{0.06}{1000}$	
				8～12m	$\dfrac{0.08}{1000}$	
				12～20m	$\dfrac{0.10}{1000}$	
			0.8～1.6m	每米	$\dfrac{0.03}{1000}$	
				全长 ≤8m	$\dfrac{0.08}{1000}$	
				8～20m	$\dfrac{0.10}{1000}$	
			1.6m	每米	$\dfrac{0.03}{1000}$	
				全长 8～16m	$\dfrac{0.10}{1000}$	
				16～20m	$\dfrac{0.12}{1000}$	

续表

项次	项 目		允差	检 验 方 法
3	卧式镗铣床	每米	$\dfrac{0.02}{1000}$	用水平仪垂直于床身导轨，通过检验平尺在导轨上检查
		全长 ≤3m	$\dfrac{0.03}{1000}$	
		全长 3~4m	$\dfrac{0.04}{1000}$	
		全长 4~6m	$\dfrac{0.06}{1000}$	
4	落地镗铣床、导轨磨床、重型外圆磨床（装砂轮架滑座的导轨）	每米	$\dfrac{0.02}{1000}$	用水平仪垂直于床身导轨，通过检具在导轨上检查
		全长	$\dfrac{0.04}{1000}$	
5	龙门刨床 导轨中心距	≤1m 每米	$\dfrac{0.02}{1000}$	—
		1~2m 每米	$\dfrac{0.03}{1000}$	
		2m 每米	$\dfrac{0.04}{1000}$	

表 4-18　机床床身导轨在铅垂方向平行度的允差和检验方法

项 目		允差（mm）	检 验 方 法
精密丝杠车床	每米	0.010	通过检具在导轨上每 0.5m 检查 1 点
	全长 ≤2m	0.015	
	全长 2~3m	0.020	
	全长 3~4m	0.025	
	全长 4~8m	0.040	
	全长 8~12m	0.050	

表 4-19　机床床身导轨在水平面内直线度的允差和检验方法

项次	项 目		允差（mm）	检 验 方 法
1	重型车床（只许凸向机床后方）	每米	0.02	
		全长 ≤8m	0.05	（1）沿床身导轨拉一根小于或等于 0.3mm 的钢丝线，将测微光管置于溜板、V 形架或检具上，调整使测微光管刻线与钢丝的侧母线在导轨两端重合，移动溜板、V 形架或检具，沿导轨检查。测点距离不应大于 0.5m。或用准直仪检查
		全长 8~12m	0.06	
		全长 12~16m	00.8	
		全长 16~20m	0.10	
2	龙门刨床	每米	0.02	（2）沿车身导轨拉一根小于或等于 0.3mm 的钢丝线，将测量工具置于溜板、V 形架或检具上，用千分杆和耳机调整钢丝至测量工具的距离在导轨的两端相等，然后沿导轨全长每 0.5m（或小于 0.5m）测 1 点
		全长 12m	0.05	
		全长 16m	0.06	
		全长 20m	0.08	
		全长 24m	0.10	
		全长 32m	0.15	

项次	项 目		允差（mm）	检 验 方 法
3	导轨磨床	每米	0.01	（1）沿床身导轨拉一根小于或等于 0.3mm 的钢丝线，将测微光管置于溜板、V 形架或检具上，调整使测微光管刻线与钢丝的侧母线在导轨两端重合，移动溜板、V 形架或检具，沿导轨检查。测点距离不应大于 0.5m。或用准直仪检查 （2）沿车身导轨拉一根小于或等于 0.3mm 的钢丝线，将测量工具置于溜板、V 形架或检具上，用千分杆和耳机调整钢丝至测量工具的距离在导轨的两端相等，然后沿导轨全长每 0.5m（或小于 0.5m）测 1 点
		全长 ≤3m	0.025	
		3～4m	0.030	
		4～6m	0.035	
		6～8m	0.040	

表 4-20　立柱导轨对工作台面（或床身导轨）垂直度的允差和检验方法

项次	项 目		允差 纵向	允差 横向	检验方法
1	双柱立式车床（立柱只许向前倾）、大型插床		$\dfrac{0.04}{1000}$		
2	摇臂钻床（纵向只许向底座工作面倾斜，横向只许向主轴倾斜）	立柱中心到主轴中心最大距离 ≤1.6m	$\dfrac{0.20}{1000}$	$\dfrac{0.10}{1000}$	将水平仪（或通过检具）按纵、横向放在工作台面上或导轨上，再将水平仪靠贴在立柱导轨的正面和侧面的上、下两处检查（龙门刨床在上、中、下三处检查）
		1.6～2.5m	$\dfrac{0.30}{1000}$	$\dfrac{0.10}{1000}$	
		2.5m	$\dfrac{0.40}{1000}$	$\dfrac{0.15}{1000}$	
3	卧式镗铣床、落地镗铣床（正面只许向操作者方向倾斜，侧面只许向内倾斜）		$\dfrac{0.03}{1000}$		
4	龙门刨床	导轨中心距 ≤1m	$\dfrac{0.06}{1000}$		
		1～2m	$\dfrac{0.08}{1000}$		
		2m	$\dfrac{0.12}{1000}$		

注：全部项次均为关键项。

表 4-21　横梁移动时倾斜度的允差和检验方法

项次	项 目			允差	检验方法
1	双柱立式车床		每米行程	$\dfrac{0.04}{1000}$	将水平仪平放在横梁上，移动横梁每 0.5m 检查 1 点，全行程至少检查 3 点
		最大车削直径	全长 ≤1.6m	$\dfrac{0.04}{1000}$	
			1.6～2.5m	$\dfrac{0.05}{1000}$	
			2.5～4m	$\dfrac{0.06}{1000}$	
			4～6.3m	$\dfrac{0.07}{1000}$	
			6.3～10m	$\dfrac{0.08}{1000}$	

续表

项次	项	目			允差	检验方法
2	龙门刨床、龙门铣床	横梁行程		每米行程	$\frac{0.03}{1000}$	将水平仪平放在横梁上，移动横梁每 0.5m 检查 1 点，全行程至少检查 3 点
			全长	2m	$\frac{0.03}{1000}$	
				3m	$\frac{0.04}{1000}$	
				4m	$\frac{0.05}{1000}$	

注：全部项次均为关键项。

表 4-22 工作台移动时倾斜度的允差和检验方法

项	目			允差	检验方法
龙门铣床	工作台行程		每米	$\frac{0.03}{1000}$	
		全长	3m	$\frac{0.03}{1000}$	移动工作台在全行程上检查
			4m	$\frac{0.04}{1000}$	
			6m	$\frac{0.05}{1000}$	
			8m	$\frac{0.06}{1000}$	

表 4-23 工作台移动时铅垂面内直线度的允差和检验方法

项目				允差（mm）	检验方法
龙门铣床	工作台行程		每米	0.20	
		全长	2m	0.025	
			3m	0.030	移动工作台，在全行程上每 0.5m 检查 1 点
			4m	0.040	
			6m	0.050	
			8m	0.060	

4．机床试运转检验

检验机床试运转情况时，可查看试运转的记录，亦可进行试车检查。

机床无负荷试运转时，最高速试运转时间不得少于 2h，并且要达到以下要求。

（1）机床运转平稳，无异常声响和爬行现象。

（2）滚动轴承温度不超过 70℃，温升不超过 40℃；滑动轴承温度不超过 60℃，温升不超过 35℃；丝杠螺母温度不超过 45℃，温升不超过 35℃。

（3）液压和润滑系统的压力、流量符合规定，机床各部分润滑良好。

（4）自动控制的挡铁和限位开关等必须操作灵活，动作准确、可靠。

（5）联动、保险、制动和换向装置及自动夹紧机构、安全防护装置必须可靠。快速移动机构必须正常。

（6）有特殊要求的机床，应按照技术文件的规定进行试运转。

 # 4.2　活塞式压缩机的安装工艺

4.2.1　活塞式压缩机的工作原理、基本结构及典型零部件结构

1．活塞式压缩机的工作原理

活塞式压缩机由曲柄连杆机构将驱动机的回转运动转变为活塞的往复运动，气缸和活塞共同组成压缩容积。活塞在气缸内做往复运动，使气体在气缸内完成进气、压缩、排气等过程，由进排气阀控制气体进入与排出气缸。在曲轴侧的气缸底部设置填料，以阻止气体外漏，活塞上的活塞环阻止活塞两侧气缸容积内的气体互相穿漏。

为保证压缩机的正常运转还应有级间冷却器、缓冲器、液气分离器、安全阀，以及向运动机构和气缸的摩擦部位供润滑油的油泵和注油器等附属设备。

活塞式压缩机多用电动机驱动，中、小型固定式压缩机用异步电动机驱动，大型固定式压缩机用同步电动机驱动，小型移动式压缩机用柴油机驱动，有些大型压缩机用煤气发动机或汽轮机驱动。

2．活塞式压缩机的分类及结构

按气缸中心线的配置位置分为：卧式、立式、对称平衡式、对置式、角度式（L形、V形、W形和扇形等）。

按运动机构的特点分为：带十字头压缩机（多用于固定式装置）和无十字头压缩机（多用于移动式装置）。

按轴功率大小分为：微型（轴功率 $P<10kW$）、小型（$10kW \leqslant P \leqslant 50kW$）、中型（$50kW \leqslant P \leqslant 250kW$）、大型（$P \geqslant 250kW$）。

（1）卧式压缩机。有单列或双列两种，且都在曲轴的一侧。运动机构装拆方便，运动部件和填料较少。惯性力不能平衡，故转速的增加受到限制，导致压缩机、驱动机和基础的重量和尺寸大。多级压缩时，只能采用多缸串联，因而气缸、活塞的装拆不方便。设计大、中型压缩机时已不采用，但因结构紧凑、零件少、避免采用高压填料等优点，小型高压的机器中仍采用。

（2）立式压缩机。活塞环和填料的润滑、磨损均匀，机身受力简单，往复惯性力垂直作用在基础上，基础的尺寸较小，机器的占地面积少，不易转换成其他类型。大、中型结构的压缩机操作维修不方便。

（3）对称平衡式压缩机。两主轴承之间，相对两列气缸的曲柄错角为180°，惯性力可完全平衡，转速可提高。相对列的活塞力能互相抵消，减小主轴颈的受力与磨损。多列结构中，每列串联气缸数少，安装方便。产品类型的转换较卧式和立式容易。多列时零件的数目较多，机身和曲轴较复杂；两列时须配置较大的飞轮。

（4）对置式压缩机。气缸在曲轴两侧水平布置，相邻的两相对列曲柄错角不等于180°，并分两种：一种为相对两列的气缸中心线不在一直线上，制成3，5，7等奇数列；另一种曲轴两侧相对两列的气缸中心线在一直线上，成偶数列，相对列上的气体作用力可以抵消一部

分，用于超高压压缩机。

（5）角度式压缩机。气缸中心线具有一定的夹角，但不等于180°，有 W 形、V 形、L 形和扇形等，气阀装拆、级间冷却器和级间管道设置方便，结构紧凑。平衡性佳，多用作小型移动式装置。

① W 形结构。当各列往复质量相等且气缸中心线夹角为60°时动力平衡性最好。

② V 形结构。当各列往复质量相等且气缸中心线夹角为90°时平衡性最佳，夹角为60°时结构最紧凑。

③ L 形结构。当两列往复运动质量相等时，机器运转的平稳性比其他角度式好，大多用作固定式动力用空气压缩机。

④ 扇形结构。此类压缩机结构复杂，只在特殊情况下应用。

各种类型压缩机的惯性力和惯性力矩平衡的程度，对基础的大小和机器运转的平稳程度影响极大。不同转速固定式压缩机基础沿顶面允许的振幅值见表 4-24。

表 4-24　不同转速固定式压缩机基础沿顶面允许的振幅值　　　　单位：mm

振动类别	每分钟振动频率（Hz）					
	500 以下	500	750	1000	1500	3000
垂直振动	0.15	0.12	0.09	0.075	0.08	0.03
水平振动	0.20	0.16	0.13	0.11	0.09	0.05

4.2.2　活塞式压缩机的安装

下面以 LW-20/7-X 型无油润滑空气压缩机为例介绍其性能参数、结构和安装。

（1）LW-20/7-X 型无油润滑空气压缩机的技术性能参数见表 4-25。

表 4-25　LW-20/7-X 型无油润滑空气压缩机技术性能参数

名　称		参　数
空气压缩机本体	容积流量（m³/min）	20
	排气压强（MPa）	0.7
	一级排气压强（MPa）	0.19～0.21
	二级排气压强（MPa）	0.8
	轴功率（kW）	125
	一级气缸（mm）	ϕ420
	二级气缸（mm）	ϕ250
	活塞行程（mm）	240
	压缩机转速（r/min）	400
	吸气温度（℃）	≤40
	排气温度（℃）	≤160
	冷却水入口温度（℃）	≤30

续表

名　称		参　数
空气压缩机本体	冷却水出口温度（℃）	≤40
	机身内润滑油温度（℃）	≤60
	冷却水消耗量（m³/h）	3
	压缩机净重（kg）	3400
	外形尺寸（mm×mm×mm）	2280×1142×2350

（2）压缩机的主要部件。

① 机身。为灰铸铁材质，呈 L 形。

② 中间接筒。为灰铸铁材质，它与刮油环座组合在一起，并设有供排油直嘴旋塞。

③ 曲轴。由 QT600-3 球墨铸铁制成，为单曲拐式。

④ 连杆组件。采用 QT450-10 球墨铸铁制成，杆身呈工字形，内钻有大小头相通的油孔。

⑤ 十字头。为铸铁材质，一端的螺纹与活塞杆连接，两侧设有用于安装十字头销的锥形孔。

⑥ 气缸。一、二级气缸由灰铸铁制成，分缸盖、缸体、缸座三部分，以双头螺栓连接组合而成。

⑦ 活塞。一级活塞体为铝合金材质，二级活塞体为灰铸铁材质，外形呈盘状，内空心加筋，均为整体。活塞杆由 3Crl3 不锈钢锻造加工而成。

⑧ 填料组件。填料采用浮动平面密封元件结构，由若干小室组成，主要包括填料箱、填料盒及节流套、锁闭环、密封环、弹簧等。填料密封元件均由填充四氟塑料经压制成形后再高压烧结成形。

⑨ 吸排气阀。均为环状阀，由阀座、阀盖、阀片和弹簧组成。

⑩ 中间冷却器。由外壳和冷却芯子组成，外壳呈直角形。

⑪ 传动机构润滑系统。由齿轮油泵、油过滤器、油冷却器通过管路连接而成。

⑫ 减荷阀。内部有蝶形阀芯，阀芯一端为活塞，下端为手轮。

⑬ 压力调节器。由阀体、阀塞、弹簧、调节螺丝及螺管组成。

⑭ 安全阀。一级：A27W-10TDN40 压强为 0.2～0.3MPa。二级：A42H-16KDN32 压强为 0.7～1.0MPa。

⑮ 后冷却器。是立式圆柱形焊接部件，内部为与中间冷却器相同结构的芯子。

⑯ 止回阀。H44T-10 旋启式止回阀 DN125。

⑰ 空气过滤器。

（3）装配顺序与注意事项。

① 装配时要参照压缩机的剖面图及部件装配图。

② 装配前应将所有零件清洗后用压缩空气吹干，并用的确良布或绸布擦干净。配合面上应涂上机油（导向环和活塞环表面除外）。

③ 装配连杆大小头轴瓦前应用涂色法检验其配合情况，接触面一般应在 75% 以上，并

且接触点应均匀分布。

④ 若发现各配合零件有拉毛现象或边缘毛刺，应在修刮后再进行装配。

⑤ 所有衬垫密封应完整无缺，若有损坏或缺陷时，应禁止使用。

⑥ 要确保零部件装配齐全，不得有遗漏，并且不得使异物落入气缸内。

（4）安装质量标准。

① 设备基础应坚实，不得有裂纹或破损，地脚螺栓紧固无松动。

② 垫铁斜度为 3°～5°，每组斜垫板允许用 1～2 块平垫板且应进行刮研。

③ 在机体与缸结合面上测量的纵向和横向不水平度不大于 0.05mm/m。

④ 主要零件的装配间隙及使用极限见表 4-26。

表 4-26　LW-20/7-X 型主要零件的装配间隙及使用极限

配合零件及项目	公称尺寸及公差（mm）	装配间隙		使用极限及备注
		最小	最大	
十字头滑道与径向间隙 十字头滑道内径 十字头外径	$\phi180H_0^{+0.04}$ $\phi180_{-0.280}^{-0.166}$	0.166	0.248	间隙≤0.40mm
十字头销与连杆小头瓦 连杆小头瓦内径 十字头销外径	$\phi50F8_{+0.025}^{+0.064}$ $\phi50f7_{-0.050}^{-0.025}$	0.05	0.104	间隙≤0.20mm
曲柄销与连杆大头瓦 连杆大头瓦内径 曲柄销外径	$\phi110H7_{0}^{+0.035}$ $\phi110f7_{-0.071}^{-0.036}$	0.036	0.106	间隙≤0.20mm
气缸与活塞部件导向环 一级气缸内径 一级活塞导向环	$\phi420H7_0^{+0.063}$ $\phi420d8_{-0.32}^{-0.23}$	0.23	0.39	气缸磨损椭圆度不大于0.50mm 气缸直径磨损量不大于 1.00mm，超出此范围应更换缸套
气缸与活塞部件导向环 二级气缸内径 二级活塞导向环	$\phi250H7_0^{+0.046}$	0.17	0.288	气缸磨损椭圆度不大于0.40mm 气缸直径磨损量不大于 0.60mm，超出此范围应更换缸套

4.2.3　设备调整试运行的有关事项

（1）压缩机的冷却。

① 压缩机末级排气温度为 130℃～150℃。

② 中间冷却器出口温度为 40℃～50℃。

③ 冷却水压强为 0.15～0.2MPa。

④ 水质：悬浮杂质低于 25mg/L；有机物含量低于 25mg/L；暂时硬度小于 10；油含量低于 5mg/L；含盐量低于 3.5mg/L。

（2）压缩机的压强。

① 一级缸压强为 0.19～0.20MPa。

② 二级缸压强为 0.70～0.80MPa。

③ 油压为 0.12～0.30MPa。

④ 冷却水压强为 0.10～0.20MPa。

（3）压缩机主要检测温度。

① 滚动轴承温度<70℃。

② 滑动轴承温度<65℃。

③ 十字头温度<60℃。

④ 填料的温度<60℃。

⑤ 电动机温度<60℃。

（4）压缩机试运行时，若出现下列情况之一者必须停车。

① 压缩机任何部位的压强或温度超过允许值。

② 压力表、温度表失灵。

③ 冷却水中断。

④ 油泵出口压强下降到 0.1MPa 以下。

⑤ 压缩机、电动机有较大振幅。

⑥ 压缩机各级吸、排气阀或管路严重泄漏。

⑦ 配电盘电流表指示的电动机负荷突然超过正常值。

⑧ 电动机滑环与电刷之间产生强烈火花等。

（5）压缩机的故障及其排除措施见表 4-27。

表 4-27　LW-20/7-X 型空气压缩机的故障及其排除措施

项别	故障	原因	措施
润滑系统	油压突然降低	a. 机身内润滑油不够 b. 管路堵塞或破裂 c. 油压表失灵或油泵故障	a. 添加合格油 b. 检查、处理 c. 更换油压表，修理油泵
	油压逐渐降低	a. 油过滤器、冷却器堵塞 b. 油管连接不严密，泄露油 c. 轴承间隙大、溢油量过多 d. 油泵齿轮轴向侧间隙过大 e. 油泵回油阀密封不严	a. 检查、清洗 b. 检查、紧固 c. 检修、调整间隙 d. 检查、修理 e. 研磨修理或更换滚球
	润滑油温度过高	a. 润滑油不合格 b. 轴承配合过紧，运动机构故障 c. 冷却水不足或油冷却器堵塞	a. 清洗、过滤或换新油 b. 检查、调整、处理 c. 开大冷却水量或检修冷油器
	活塞杆泄油	挡油圈密封失效或方向装反	检查、修理或更换挡油圈
冷却水系统	气缸内有水	a. 气缸内气腔和水腔密封不严，缸体与缸盖连接螺栓松动 b. 中间冷却器芯子漏水	a. 更换密封垫片，更换或拧紧螺栓 b. 检查或更换
	冷却管路中漏水或冷却效率低	a. 管路连接处密封不严，冷却水管与管板间密封不严或管破裂 b. 水管沉淀物过多	a. 检查、修理或更换 b. 检查、清洗水路
安全阀	安全阀不能适时开启	安全阀装配调整有误	应重新装配调整
	安全阀漏气	阀芯与阀座密封不严	清洗贴合面污物或重新研磨
摩擦副	摩擦面过热	a. 供油不足，油质不良，油膜破损 b. 摩擦面接触不良 c. 轴承故障	a. 调整供油量或滤油（换油） b. 检查、刮研、调整 c. 检查、处理或更换轴承
空气压缩机异音	尖声响	a. 活塞与气缸盖之间落入硬质金属 b. 活塞螺母松脱或活塞松扣 c. 气阀松动 d. 气缸内有积水或余隙不够	a. 检查、排除 b. 旋紧螺母或检查装配活塞 c. 检查装配气阀 d. 排除积水、调整余隙

续表

项别	故障	原因	措施
空气压缩机异音	闷声响	a. 连杆轴衬间隙大或连杆螺钉松动 b. 轴颈轴瓦椭圆度大，产生敲击 c. 十字头与滑道间隙过大，产生敲击 d. 活塞环与活塞槽之间配合间隙过大	a. 调整间隙或旋紧螺钉 b. 修理轴颈、更换轴瓦 c. 检查、修理，调整间隙 d. 更换活塞环

4.3 锅炉的安装工艺

4.3.1 锅炉的工作原理及各组件的作用

1. 概述

锅炉是将燃料的化学能转化为热能，又将热能传递给水，从而产生一定温度和压力的蒸汽（过热蒸汽）设备。

锅炉的规格种类很多，一般分类如下。

（1）以蒸汽压力划分。

① 低压锅炉：≤1.5MPa，温度＜400℃；

② 中压锅炉：1.6～5.9MPa，温度为 400℃～450℃；

③ 高压锅炉：6.0～13.9MPa，温度为 460℃～570℃；

④ 超高压锅炉：＞14.0MPa。

（2）以锅炉蒸发量划分。

① 小型锅炉：20t/h 以下；

② 中型锅炉：（20～75）t/h；

③ 大型锅炉：75t/h 以上。

2. 锅炉的主要组件及其作用

锅炉主要是由水汽系统、风煤烟系统组成的。

水汽系统的主要设备有汽包、水冷壁、对流管束、联箱、过热器、省煤器、除氧器、给水泵及有关管道、阀门等。

其中除氧器的作用是将水中溶解的氧气和二氧化碳气体除掉。

给水泵用于 100℃以上的高温水送到锅炉中去。

省煤器是利用锅炉排烟的余热来加热给水的热交换器。

过热器是将从汽包引来的饱和蒸汽加热干燥并过热到一定的温度。

风煤烟系统的主要设备有燃烧室（俗称炉膛，由炉墙、拱碹及二次风装置组成）、炉排（手摇炉排、不漏煤式链条炉排、梁式链条炉排及其变速传动装置）、抛煤机、空气预热器、除尘器、送风机和引风机。

4.3.2 锅炉钢架的安装及检测

1. 安装前的准备工作

（1）基础验收和画线。在钢架安装前，除检查基础浇灌质量外，还应检查基础的位置和外形尺寸，其偏差应符合表 4-28 所示的要求。同时，还要给钢架安装定好位置线，即基础画线。

表 4-28　锅炉基础位置和外形尺寸的允许偏差

序　号	检　查　项　目	允许偏差（mm）
1	锅炉基础各不同标高与设计标高差	−20
2	锅炉基础中心线与厂房基础中心线偏差	±20
3	锅炉基础外形几何尺寸	±20
4	预留地脚螺栓或预埋钢筋的中心线	±10

画线时，根据土建施工提供的基准点，在基础的上方拉两根钢丝线，一根是与锅炉房中心线平行的锅炉横向中心线的基准线，另一根是锅炉纵向中心线的基准线，且两根线互相垂直，并投影到基础上，利用等腰三角形原理（图 4-5），$BD = CD$，BA 和 CA 的交点 A 在纵向中心线的基准线上，则表示两条基准线互相垂直。接着再根据锅炉房零米层基础平面布置图，通过拉钢丝并吊锤的方法，测出每排立柱的中心线。最后用测量对角线的方法来验证基础中心线是否正确，如图 4-6 所示。各基础中心线间距允许误差为 ±1mm，各基础相应对角线允许误差为 5mm。

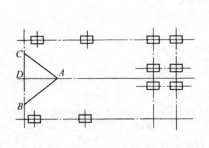

图 4-5　基础中心线垂直度检查

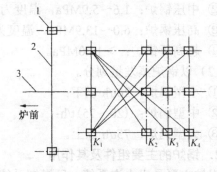

图 4-6　验证基础中心线

1—锅炉房立柱；2—锅炉横向中心线的基准线；
3—锅炉纵向中心线；$K_1 \sim K_4$—立柱的排数

基础中心线画好后，再用墨斗将中心线弹出，并引到基础的 4 个侧面上，以备安装钢架时找正。同时，还应将各辅助中心线、锅炉钢柱的底板轮廓线等全部画出来，以满足锅炉安装施工的要求。

（2）钢架及平台钢结构件的检查和校正。锅炉钢架在安装前应进行清点和检查。检查的方法是根据装箱单及图纸，检查立柱、横梁、平台和护板等主要部件的数量和外形尺寸，其偏差不得超过表 4-29 所示的规定。钢架表面不得有严重锈蚀、裂纹、凹陷和扭曲现象，检查钢架焊接、铆接、螺纹连接的质量等。并将检查发现的问题做好记录，会同有关部门联系制造厂处理。立柱、横梁的弯曲度超过规定值时，可根据具体情况分别采用冷态矫正、加热矫正和假焊矫正。

表 4-29　锅炉钢架安装前的允差偏差

项　次	项　　目	偏差（mm），不大于
1	立柱、横梁的长度偏差	±5
2	立柱、横梁的弯曲度	2（每米） 10（全长）
3	平台框架的不平度	2（每米） 10（全长）
4	护板、护板框的不平度	5
5	螺栓孔的中心距偏差	±2（两相邻孔间） ±3（两任意孔间）

2．钢架和平台的安装

（1）吊装前的准备和检查。在钢架吊装就位前，应用水准仪将建筑物的原始标高（零米标高和 1m 标高）引至附近厂房的柱子上，然后再逐个测量出各基础顶面的实际标高。同时将每根立柱上 1m 标高线以下的实际高度也测量出来，以便计算出每个基础上立柱底板与基础间的垫铁厚度。垫铁应放置在凿出麻面且铲平、磨光及校平的基础平面立柱的中心线上和立柱底板加强筋处，再测量每组垫铁表面的标高。每组垫铁的块数不应超过 3 块，总厚度为 40～60mm。垫铁的实际厚度应比计算厚度大 1～2mm。垫铁单位面积的承受压力应为基础混凝土耐压强度的 60% 左右。垫铁的宽度为 80～100mm，其长度比立柱底板长 10mm，以便立柱安装就位调正后焊接（点焊）。立柱底板与基础麻面之间的浇灌间隙应为 40～60mm（视底板面积而定，其面积较大浇灌间隙取较大值）。

为方便立柱就位，通常在基础的钢筋上，按立柱底板的实际外形尺寸和中心线焊上立柱限位角钢，在立柱顶上临时焊上互为 90°的圆钢，以备挂线锤用。

钢架起吊前，要对钢架组合件进行全面检查，所有应焊接的部位均应焊完，随同钢架组合件一起吊装的零部件应固定牢靠。吊索绑扎位置要正确，同时要考虑加固立柱结构的刚性。

（2）钢架的吊装、找正和固定。钢架起吊前应进行试吊，即将钢架平行吊离地面 200～300mm 时，检查各条千斤绳受力是否均匀，持续 5min 后，检查钢架有无下沉现象，确认无误后方可起吊。起吊的速度应均匀缓慢，钢架上的拉绳应固定在各个角度上，使钢架在起吊过程中不致摆动。当钢架立柱底板逐渐着落在基础上时应更加小心，不得损坏垫铁的承受载荷力面，并使底板靠着限位角钢。借助钢架悬吊状态察看底板中心线与基础中心线是否吻合，使其正确就位。这时可用拉绳或用硬支撑进行固定。采用拉绳临时固定时，它的一端拴在柱顶上，另一端拴在厂房的牢固结构件上。然后将拉绳换为 ϕ20mm 圆钢拉筋，拉筋一端焊接上（或螺纹连接）花篮螺丝，以便找正。

钢架找正以基础中心线及立柱 1m 标高线为准，先调整标高，后调整位置。用水准仪测量立柱上的 1m 标高与厂房的 1m 标高是否一致，若有误差，则进行调整。调整标高时，可利用千斤顶或楔形垫铁。钢架的垂直度，可用吊线锤的方法对立柱的两个立面进行上、中、下三处的测量检查，若这三处的尺寸都相等，则为合格。四角立柱都找正就位后，还要测量各立柱间的对角线，不仅要测量立柱上、下两处，而且要测量中间各主要标高处，其误差应符合表 4-30 所示的规定标准要求。找正结束后将花篮背母拧紧。将立柱底板四周的预埋钢筋用气焊工具烤红，弯贴在立柱上并进行焊接。立柱底板垫铁进行点焊，准备二次灌浆。要按图纸要求，每个立柱底板四周均做一个浇模，待混凝土养护期满后方可拆除。

表4-30　钢架找正的允许误差

序　号	检 查 项 目	允 许 误 差
1	立柱脚中心线与基础中心线偏差	±5mm
2	立柱标高与设计标高差	±5mm
3	各立柱相互标高差	≤3mm
4	各立柱间距离	长度的0.001倍，最大不超过10mm
5	立柱的不垂直度	长度的0.001倍，最大不超过10mm
6	各立柱上下两平面相应对角线差	长度的0.0015倍，最大不超过15mm
7	横梁标高	±5mm
8	横梁的不水平度	≤5mm

（3）锅炉平台的安装。锅炉平台及扶梯等不影响汽包吊装部分，可在钢架焊接完毕后按施工工序装上去。妨碍施工操作的部分，留待以后安装。

4.3.3　锅炉汽包及受热面的安装

1. 汽包的安装

锅炉汽包是用钢板（中、低压锅炉常用锅炉碳素钢10号、15号、20号，高压锅炉常用合金钢）焊制成的圆筒形容器，和它连通在一起的管子主要有给水管、出气管和蒸发受热面管子等。锅炉汽包长度由几米至十几米，直径从0.8m～2m，壁厚从十几毫米至一百多毫米。

（1）汽包的检查。汽包是自然循环锅炉和强制循环锅炉蒸发设备中的主要部件。汽包和水冷壁、下降管和联箱等组成水循环系统。汽包内装有给水、汽水分离、加药和排污等装置。在汽包外部装有水位计、安全阀等。如果汽包加工有问题或运输中有损伤，都会给安装工作带来麻烦，也会影响安装质量。因此安装汽包以前，需进行以下项目的检查。

① 检查汽包外表面是否有因运输而损坏的痕迹，特别是短管（管接头）焊接处。

② 核对其外形尺寸和检查弯曲度。

③ 检查汽包两端标定汽包的水平中心线和垂直中心线等位置是否准确，必要时略加调整，使之最好与各排管孔中心线相符。汽包上各中心线的偏差位置如图4-7所示。

④ 若汽包上未标出横向中心线记号时，应按纵向管排的管孔画出。

上述检查、鉴定的结果应做详细记录，所发现的问题应与有关单位共同研究解决。

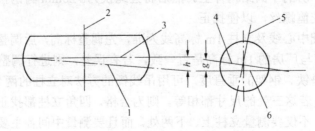

图4-7　汽包上各中心线的偏差位置

1，6—水平线；2—横向中心线；3—纵向中心线；4—端面水平中心线；5—端面铅垂中心线

（2）安装汽包的支承物。由于锅炉的构造不同，汽包的数量及它们相互间的相对位置也不同，故汽包的支承位置也有差异。汽包的支承方法，通常是将一个汽包放在支承物上，另一个汽包则是靠管束支撑或吊挂起来。

汽包安装时，可将有支承物的汽包放在支承物上，而无支承物的汽包也需临时装设支承物，这样才能方便汽包的调整工作。临时支承物的形式可根据汽包所在的位置而定，一般情况下，可用型钢制作临时性的支承，待胀管工作完成后将其割掉。作为临时的支承物，应保证汽包的稳定。拆除支承物时，不应用锤敲打，以防汽包摇动使管口松动。

汽包的支承物有支座式和吊环式两种。安装支承物时要按图纸要求细致调整。组装汽包支座或吊环时，应符合下列要求。

① 保证汽包位置正确。

② 支座与汽包应接触良好，局部间隙应小于或等于 2mm。

③ 吊环与汽包接触要求是局部间隙应小于或等于 1mm。

④ 滑动支座内的零件在装入前，应经检查和清洗，装入时不得遗漏，并保证良好运转。

（3）汽包的吊装。汽包的吊装工作应按施工组织设计确定的方案进行。吊装方法可根据钢架的结构形式不同而选用钢架或钢架外起吊。钢丝绳的绑扎位置不得妨碍汽包就位，并与短管保持一定的距离，以防碰弯短管。严禁将钢丝绳穿过汽包上的管孔。

汽包起吊时，在汽包上系 1～2 根牵引绳，绳子由专人控制，以调整汽包起吊过程的方位。起吊工作要有一人统一指挥，当汽包已提升到所要求的高度时，再缓慢地下降，在专人的配合下，使汽包准确落在支座上。

（4）汽包的调整。调整汽包纵、横中心线与基础的纵、横基准线的距离，可采用如下两种方法。

① 将汽包的纵、横中心线用投影法投影到基础上，测量它与纵、横基准线间的距离。操作方法是在汽包的纵、横中心线的两端挂上铅锤，铅锤在基础面上投影的连线是汽包纵、横中心线在基础面上的投影，所以测量它与纵、横基准线的距离，就是汽包纵、横中心线与纵、横基准线间的距离。

② 用拉钢丝的方法将基础的纵、横基准线提高到汽包上，然后测量纵、横中心线与钢丝之间的距离。钢丝两端可固定在墙或钢架上，在钢丝上挂上铅锤调整它与基础上的基准线相吻合。所以，测量汽包的纵、横中心线至纵、横钢丝间的距离，就是汽包纵、横中心线与基础纵、横基准线的距离。

调整汽包纵向中心线时，若汽包是纵向（横向）布置的，汽包纵向中心线的调整应以纵向（横向）基准线为准，并测量汽包两端和中间共三点；调整汽包横向中心线时，若汽包是纵向（横向）布置的，汽包横向中心线的调整应以横向（纵向）基准线为准，测量汽包两侧的两点。

调整汽包端面垂直中心线时，可用挂在钢丝上的铅锤在汽包两端进行测量，如果两端封头上、下"样冲"记号均与铅垂线相重合，则符合要求，否则可将汽包绕纵向中心线轻轻转动，调到符合要求时为止。若是经调整后仍不能奏效，可以管孔为基准进行调整，调整方法如下。

① 在汽包内，同一水平面的管孔放一条平尺，在平尺上再放一只水平仪进行调整。测量点应不少于三处，如图 4-8 所示。

② 可按图 4-9 所示挂一个铅锤，通过在同一铅垂线上的管孔进行调整，测量点不应少于三处。

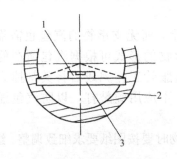

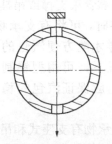

图 4-8　用水平仪调整汽包

1—水平仪；2—汽包；3—平尺

图 4-9　用铅垂线调整汽包

调整汽包纵向中心线的标高和水平度时，可用软管水平仪测量，检查汽包两个端面上的水平中心线两端，四点"样冲"记号应在同一水平面上。若不平，可增减支座下面的垫片调整。悬吊式汽包，可用旋转螺母调整吊环螺栓丝扣长度的办法来调整。

如上汽包已调整合格，调整下汽包时可以上汽包为准，如图 4-10 所示。经调整后，汽包应符合表 4-31 所示的要求。

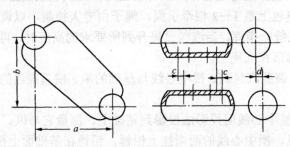

(a) 上、下两汽包间的距离　　(b) 上、下两汽包间的相对位置

图 4-10　锅炉汽包调整示意图

表 4-31　调整后的汽包允差

序　号	项　　目	允差（mm）	备　　注
1	汽包纵、横向中心线的水平方向距离	±5	汽包横向测两点，纵向测两端和中间三点
2	上一项目所测两端距离数值的不等长度	≤2	—
3	主汽包标高	±3	以标高基准为准
4	汽包全长的横向不水平度 g	≤1	如图 4-7 所示
5	汽包全长的纵向不水平度 h	≤2	如图 4-7 所示
6	上、下两汽包间的水平方向距离 a	±2	如图 4-10（a）所示
7	上、下两汽包间的垂直方向距离 b	±2	如图 4-10（a）所示
8	上、下两汽包最外边管孔中心线间距离 c	±3	如图 4-10（b）所示

组装汽包时，应按设备技术文件的规定留出纵向膨胀间隙。

汽包内部零件，待水压试验完毕后进行装配。

2．受热面管子的安装

（1）管子的检查与校正。检查管子的质量应符合下列标准。

① 管子的表面不得有裂纹、刻痕、蚀点和压伤，内壁不得有严重的锈蚀。

② 管子的直径和椭圆度应满足焊接和胀接的要求。

③ 直管的弯曲度允差为 1mm/m，长度允差为 ±3mm。

④ 弯曲管的外形允差应符合图 4-11 所示的规定。

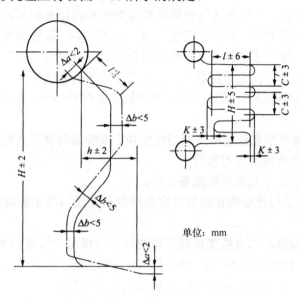

单位：mm

图 4-11　弯曲管的外形允差

⑤ 弯曲管平面的不平度如图 4-12 所示，其允差应符合表 4-32 所示的规定。

表 4-32　弯曲管不平度允差

长度 c（mm）	不平度允差 a（mm）
50～500	3
500～1000	4
1000～1500	5
1500	6

⑥ 管子胀接端的端面应垂直于管子的外壁，用角尺测量时如图 4-13 所示，间隙 h 不得超过管子外径的 2%，同时边缘不得有毛刺。

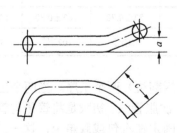

图 4-12　弯曲管的不平度

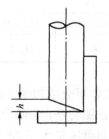

图 4-13　用角尺量管端

⑦ 管子最后校正完毕，应做通球试验，以全部通过为合格。圆球的直径为管子内径的80%～85%（圆球应是钢质或木质）。

检查弯曲管是在校正平台上进行的。检查时，按图纸给定的弯曲形状，在平台上放出弯曲管的大样图，在图样外围焊上若干小角铁或扁钢的短节，以控制弯曲管的移动，作为检查弯曲的样板。检查时，凡是能轻易地放入样板槽内的弯曲管，则为合格品，反之则为不合格品。

*（2）胀管操作方法。胀管是利用金属的塑性变形和弹性变形的性质，将管子胀在汽包或联箱上。当管子插入管孔时，管子与管孔间有一定的间隙。胀管器伸入管端内部以后，用人力或机械转动胀杆，随着胀杆地伸入，胀球对管端径向施加压力，使管径逐渐扩大，产生塑性变形。当管子外壁与管孔完全接触后，压力也开始传到管孔壁上，使管孔壁产生一定的弹性变形。当取出胀管器以后，被胀大的管子外径基本保持不变，而管孔却力图恢复原形，将管子牢牢箍紧。

胀接过程中，要随时注意管端是否有裂纹出现，或管端与管孔之间有无间隙等现象，若有问题则停止胀管，经处理后方可胀管。

在胀管以前，要做以下几方面的准备工作。

① 管端退火。为了保证管端在胀管时容易产生塑性变形防止管端产生裂纹，所以胀管前需进行退火。

管端退火可采取加热炉内直接加热或用铅浴法。管端退火长度约为 150mm，退火温度应为 600℃～700℃，加热时间不少于 10～15min。待退火时间一到，立即将管取出插入干燥的石棉灰或石灰内，待缓慢冷却到常温后再取出分类堆放。

② 管端与管孔的清理。退火后的管子，应除掉管端胀接面上的氧化层、锈点、斑痕、纵向沟槽等。要将长度比管孔的壁厚长出 50mm 管端全部打磨干净。打磨可采用手工和机械打磨两种形式。打磨后的管端要保持原形，不得有小棱角并以全部露出金属光泽为合格。打磨掉的金属层不大于 0.20mm。在管端长度为 75～100mm 内壁，用钢丝刷和刮刀将锈层刷刮干净。汽包和联箱上的管孔，在胀管前可用棉布将防锈油和污垢等擦去，然后用砂布沿圆周方向将铁锈打磨干净，若有纵向沟痕，必须用刮刀沿圆周方向刮去。

③ 管子和管孔的选配。选配前，先测量经打磨的管端外径、内径和管孔的直径。将管孔的直径数据记在管孔展开图上，管端的外径和内径的数据也分别加以记录，然后根据数据统一进行选配。选配后，各管孔与管子之间的间隙都应比较均匀，并将选定的管子编号记入管孔展开图上。经过清理后的管子和管孔的直径，选配后应符合表 4-33 所示。

表 4-33　管子和管孔的直径　　　　　　　　　　　单位：mm

公称直径	38	51	60	76	83	102	108
管子外径	38±0.40	51±0.40	60±0.50	76±0.60	83±0.70	102±0.80	108±0.90
管孔直径	$38^{+0.94}_{+0.60}$	$51^{+1.10}_{+0.70}$	$60^{+1.10}_{+0.70}$	$76^{+1.20}_{+0.80}$	$83^{+1.46}_{+1.00}$	$102^{+1.66}_{+1.20}$	$108^{+1.76}_{+1.30}$

④ 胀管工作可分成初胀（固定胀管）和复胀（包括翻边）两个工序。当两个工序分别进行时称为二次胀管法，当两个工序一次完成时称为一次胀管法。初胀是将管子与管孔间的间隙消除后，再继续扩大 0.20～0.30mm，使管子初步固定在汽包或联箱上，这一工序是用固定胀管器完成的。翻边胀管是使管子固定在胀管的基础上，进一步扩大到与管孔紧密配合

的程度，并呈喇叭口形状。管子的扩大与翻边是用翻边胀管器同时进行的，不得单独扩大后再翻边。

通常将固定胀管称为挂管。挂管前，应选与管孔相应的同类管子中最短的几根，分别挂在上下汽包左右两个位置，查看最短的管子是否能满足安装所需要的长度，经验证可行时再进行挂管。挂管时，管端伸入管孔内时应能自由伸入，不得用力插入。管端伸入管孔的长度应符合表4-34和图4-14所示的规定。

表4-34　管端伸入管孔的长度值

管子公称外径（mm）		38	51	60	76	83	102	108
管端伸入长度 g（mm）	正常	9	11	11	12	12	15	15
	最小	6	7	7	8	9	9	10
	最大	12	15	15	16	18	18	19

随锅炉配带的各类管子，可能会比规定的略长些，不得以一根样管将同类管子一次锯完，必须是挂一根锯一根。挂管时，上下汽包里由胀管人配合，汽包外应有专人负责找正。各种规格的管子，先在汽包前后各挂两根为基准，并拉起线来，中间的管子以此基准线为准，按图纸规定的管距，从汽包中心向两边依次胀完。同一根管子，应先胀汽包端，后胀联箱端；先胀上端后胀下端。每一根管子均应按选配时的编号插入选定的管孔，当调整合乎要求时用石笔做上记号，用扁钢卡具卡紧，托放在下汽包上，避免胀管时窜动。固定胀管时，

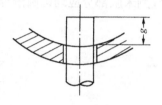

图4-14　管端伸入管孔长度

将固定胀管器插入管内，使外壳上的壳盖与管端之间保持 10～20mm 的距离，然后推进并旋转胀杆，随着胀杆的转动并向前移，管子就被转动的胀杆挤压而逐渐扩大，以实现固定胀管。

翻边胀管要在固定胀管完成后的短时间内完成，以避免间隙内生锈。胀紧程度通常根据胀管器行程来控制。有经验的工人，常以观察汽包外防锈漆崩裂情况来鉴别胀管程度是否已达到了要求。翻边胀管终止时，管口应呈现 30° 的夹角，为避免邻近的胀管口松动，应采用反阶式的胀管顺序，如图4-15所示。

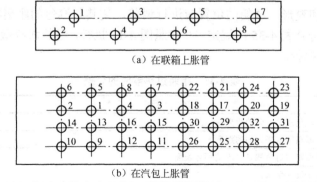

（a）在联箱上胀管

（b）在汽包上胀管

图4-15　反阶式胀管顺序

（3）胀管率。胀管是为了将管子扩大，但塑变量过大，管壁变薄伸向管孔外胀出（过胀），管子强度反而减小了，有时甚至产生裂纹或管端与管孔间松弛，造成漏水（汽）。所以对胀

管程度即胀管率规定为1%～1.9%。胀管率按下列公式计算

$$H = \left[(d_1 - d_2 - \delta)/d_3 \right] \times 100\%$$

式中　H——胀管率；

　　　d_1——胀管后的管子的实测内径（单位：mm）；

　　　d_2——胀管前的管子的实测内径（单位：mm）；

　　　d_3——胀管前的管孔的实测直径（单位：mm）；

　　　δ——胀管前的管孔实测直径与管子实测外径之差（单位：mm）。

　　求实际胀管率时，可选择若干有代表性的胀口进行计算，但计算胀口数量不得少于总胀口数的10%。

　　（4）胀管缺陷。胀管缺陷主要是指过胀、偏挤（或切痕）和单边切管等，如图4-16所示。所谓过胀，一般是指胀大部分与未胀部分直径相差很大，从管内或管外均有明显的过渡部分；或者管孔边缘被挤突出，产生局部的塑性变形；或者管口沿纵向伸长，在汽包外形成沟环等。胀接完毕后的管子内壁不得有起鳞和折叠现象。翻边部分不得有裂纹，已胀部分过渡到未胀部分应均匀圆滑等。

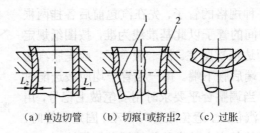

（a）单边切管　　（b）切痕1或挤出2　　（c）过胀

图4-16　胀管缺陷

　　水压试验后漏水的胀口应在放水前做出标记，放水后立即进行补胀。补胀次数一般不超过两次。补胀无效的管子应予以更换新管。

3. 锅炉其他设备及附件的安装

　　锅炉汽包安装完毕后，可进行过热器、水冷壁和联箱的安装工作。采用单独吊装法时，可先装联箱后装管子。若采用组合吊装法时，应有牢固的组合架，并采取正确的吊装方法，使组合体不受损伤和变形。联箱的位置应进行调整，使其与汽包的距离符合图纸的规定。

　　组装过热器应符合表4-35的规定，并参照图4-17执行。组装水冷壁应符合表4-36的规定，并参照图4-18执行。

表4-35　组装过热器时的允差

	项　目	允差（mm）
1	进口联箱与汽包水平方向的距离 a	±3
2	进口与出口联箱间水平方向的距离 b	±2
3	进口与出口联箱间对角线 d_1，d_2 的不等长度	≤3
4	联箱的不水平度（全长）	≤2
5	进口联箱与汽包铅垂方向的距离 c	±3
6	进口与出口联箱间铅垂方向的距离 d	±3
7	进口联箱向中心线与汽包横向中心线间水平方向的距离 f	±3
8	联箱与蛇形管最底部的距离 e	±5
9	管子最外缘与其他管子间的距离	±3

表 4-36　组装水冷壁时的允差

序号	项　目	允差（mm）
1	上联箱与上汽包铅垂方向的距离 h_1	±3
2	下联箱与上联箱铅垂方向的距离 h_2	±3
3	联箱与邻近主柱（或主柱）间的距离 d	±3
4	下联箱的不水平度（全长）	≤2
5	上下联箱最外边管孔中心线间的偏移 n	±3

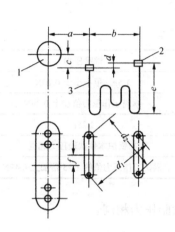

图 4-17　过热器允差

1—汽包；2—联箱；3—过热器蛇形管

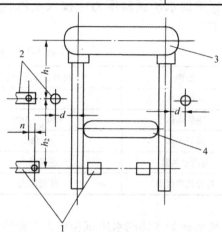

图 4-18　水冷壁允差

1—下联箱；2—上联箱；3—上汽包；4—下汽包

4.3.4　锅炉水压试验、煮炉、烘炉和试运行的步骤

1. 水压试验

（1）水压试验的目的。

水压试验是锅炉检验的重要手段之一。对运行锅炉除每六年进行一次水压试验外，对新装、移装、改装和受压元件经过重大修理或运行后停运一年以上的锅炉，均需进行一次水压试验。水压试验的目的在于鉴别锅炉受压元件的严密性和耐压强度。

① 严密性。主要是试验锅炉受压元件的焊缝、法兰接头及管子胀口等处是否严密而无渗漏。焊缝在水压试验时，如果发现渗漏，说明焊缝有穿透性的缺陷。因此，必须把焊缝缺陷处铲除干净后再重焊，不允许仅在其表面上进行堆焊修补。胀口处在水压试验时发现渗漏，应分析原因，找出正确的处理方法。如果一个胀口经过一、两次补胀后，仍有漏水现象，就应将管子取下，检查管端是否有裂纹、轴向刻痕或其他情况，然后换管重胀。

② 耐压强度。只要锅炉结构合理，使用元件钢材符合技术要求，额定工作压力是根据规定进行核算确定的，试验压力是根据规定进行的，一般在水压试验时，不会出现强度上的问题，因为水压试验压力下的应力比钢材的屈服强度低得多。因此，水压试验后，用肉眼观察，受压元件不应有残余变形，即所谓耐压强度。

特别应该指出的是，有些企业由于不了解水压试验的目的，而用水压试验来确定锅炉的工作压力，错误地认为锅炉只要进行了水压试验，就可以按试验压力打个折扣确定最高工作压力。这种做法是非常错误也十分危险的，因为锅炉的水压试验是在常温下进行的，而锅炉运行是在高温条件下，由于温差的变化，受压元件的强度将发生很大的差异，极易导致受压元件的损坏或破坏，甚至酿成人身伤亡事故。这种事例是很多的。据大量的锅炉爆炸事故调查中发现，许多单位自制的结构不合理的锅炉，在使用前大多进行了水压试验，而且绝大部分没有发现损坏，但在运行后很多发生了爆炸事故。因此绝对不允许以水压试验来确定锅炉的最高工作压力。

（2）水压试验压力。

锅炉的水压试验压力应按《蒸汽锅炉安全技术监察规程》所规定的试验压力（见表 4-37）。

表 4-37　水压试验压力的规定

名称	锅筒工作压力 p	试验压力
锅炉本体	<0.59N	1.5p，但不小于 0.20N
锅炉本体	0.59～1.18N	锅筒工作压力值加上 0.29N
锅炉本体	>1.18N	1.25p
蒸汽过热器	任何压力	与锅炉本体试验压力相同
可分式省煤器	任何压力	锅筒工作压力值的 1.25 倍加上 0.49N

热水锅炉本体的水压试验压力与蒸汽锅炉本体的试验压力相同。

（3）水压试验前的准备工作。

① 除弹簧式安全阀以外，所有附件都应装上。弹簧式安全阀要拆除或加盲板，目的是防止水压试验时压力较高，使弹簧失效。所有附件的阀芯与阀座在安装前都应进行研磨，研磨好的阀门应装在锅炉上一起经受水压试验。要求所有阀门在水压试验时保持严密不漏。

阀门水压试验与锅炉水压试验压力不同。阀门水压试验压力较高，需单独进行。

② 装两只压力表，一只装在手摇泵出口，用来指示水泵出口压力，另一只要经过计量部门检验，临时安装在锅炉上，并以此作为标准表。

③ 新锅炉在进行水压试验前不应涂漆，以免堵塞缝隙，不易发现问题。

④ 对于没有自来水的地方，可以用电泵或气泵向锅内上水，但在升压时不能使用。因为这类泵进水量大，压力高，升压快，不易控制，不小心即超压。因此，在升压时只能使用手摇泵。

⑤ 用水温度一般保持在20℃～70℃，水温过低，易发生出汗现象；水温过高，渗漏的水点就会蒸发。周围空气温度不得低于 5℃。若低于 5℃时，必须有防冻措施。

⑥ 锅炉顶部应设有放气阀。如锅内有空气，则上满水较困难，满水后水压试验时容易升压过快。有些锅炉没有安装放气阀，可以利用装在锅炉最高部位的阀门（如主气阀或安全阀）放气。

（4）水压试验的程序。

做好上述准备工作之后，即可进行水压试验。试验时，水压应缓慢上升。当水压上升到工作压力时，应暂时停止升压，检查锅炉各部位有无漏水或异常现象。如果没有任何缺陷，可以继续升压到试验压力，焊接锅炉应在试验压力下保持 5min，铆接锅炉则应保持 20min。在上述时间内，试验压力不能下降。如果压力下降，要查明原因。若试验压力可维持到所规定的时间，然后将试验压力降至工作压力，进行全面检查。检查时锅炉内压力应保持不变。

锅炉在试验压力情况下，不准用手锤敲击锅炉。当压力降至工作压力时，应当详细地检查锅炉各部位有无渗漏或变形，同时允许用手锤轻轻敲击一些焊缝等部位，但严防猛击。

（5）水压试验时注意事项。

① 水压试验最好在白天进行，以便观察清楚。

② 不准用电泵和气泵做升压泵用，也不准用氧气瓶里的气压来顶水升压。因为这样试验，压力很难控制，并且容易损坏锅炉。

③ 锅炉升压或降压必须缓慢，压力表指针移动应平稳均匀。

④ 对于比较复杂的锅炉，检查人员最好将应当重点检查的部位编列序号，以免漏检。

⑤ 水压试验时发现渗漏，应当使锅内压力降到零后修理，不允许带压修理。

⑥ 水压试验结束后，不要忘记拆除弹簧安全阀孔口上的堵板。

⑦ 水压试验必须用水进行，禁止用气压试验或气水联合试验来代替水压试验。因为气压试验不能检查出渗漏等缺陷。更重要的是一旦锅炉有严重缺陷，在气压试验过程中会造成恶性爆炸事故。

⑧ 水压试验压力必须严格按照规定执行，不准任意提高试验压力。

（6）水压试验的合格标准。

① 在受压元件金属壁和焊缝上没有水珠和水雾。

② 铆缝和胀口处，在降到工作压力后不滴水珠。

③ 水压试验后，没有发现残余变形。

2. 煮炉

煮炉的目的是为了清除锅炉在制造、运输、安装或修理过程中带入锅内的杂质和油污。这些脏物的存在，不但会阻塞水管，使蒸汽品质恶化，而且它还使传热变坏，受热面容易过热烧坏，因此必须通过煮炉把它清除。

（1）每吨（每立方米）锅炉水中加入磷酸三钠（$Na_3PO_4 \cdot 12H_2O$）2～3kg（或碳酸钠 3.0～4.5kg）和氢氧化钠（$NaOH$）2～4kg。注意不得将固体药物直接加入锅炉筒内。

（2）在无压状态下将上述药物溶化配制成 20%的均匀溶液，在锅炉给水同时缓慢送入锅炉筒内，或用加药泵注入锅炉筒内。煮炉过程中，蒸汽锅炉应保持锅炉内水在最高水位；热水锅炉则保持锅内满水。

（3）加热升温，使锅炉内产生蒸汽（沸腾），蒸汽可通过空气阀或被抬起的安全阀出口排出。同时冲洗水位计和压力表的存水弯管。维持锅炉水在大气压力下的沸腾状态10～12h。

（4）减弱燃烧，进行排污，并保持水位或锅炉内满水（热水锅炉）。

（5）在加强燃烧使锅炉运行 12～24h，然后停炉自然冷却，待锅炉水温冷却至 70℃以下即可排出，再用清水将锅炉内冲洗干净，直至锅炉筒、集箱和所有炉管内壁无油污和锈斑，煮炉才算合格。冲洗时，必须将锅炉内的化学药品冲洗干净，否则锅炉运行时可能会产生泡沫。

值得注意的是，对参加煮炉人员要做好分工，制定好煮炉的操作规程和标准，并要求严格执行。特别在配置煮炉用药液时，工作人员应穿胶靴，戴胶手套，系胶围裙及戴有防护玻璃的面罩，以免被碱液灼伤。

3. 烘炉

烘炉的目的是使锅炉的炉墙、炉拱能够缓慢地干燥，把炉墙、炉拱中的水分排除，避免在运行时由于水分急剧蒸发而使炉墙、炉拱产生裂缝或变形，甚至损坏。同时，烘炉可以使炉墙、炉拱趋于稳定，以便日后能在高温状态下长期可靠地工作。

烘炉是一项细致的工作，应当小心谨慎地进行。要缓慢地驱逐炉墙、炉拱内的水分，不使它骤然产生应力与变形，直到完全干燥为止。如果烘炉很草率，使炉墙、炉拱干燥太快时，其内会产生大量水蒸气，因而挤压墙砖移动，造成炉墙和炉拱产生突出、裂缝及变形等缺陷。

烘炉时间的长短，应根据具体情况来确定，即根据锅炉的类型、炉墙结构及施工的季节不同而定。

重型炉墙、轻型炉墙和耐热混凝土炉墙对烘炉的要求不同，但其烘炉程序基本一致。一般都是先向锅内注水，蒸汽锅炉锅内水位应保持在水位计的最低水位线指示处，热水锅炉锅内则应注满水。然后，开启点火门，采用自然通风的方式使炉膛、对流管束和烟道干燥数日，再在炉排前端铺一层 20～30mm 厚的炉渣。在炉渣上用木柴、油棉纱头等引火燃烧。这时应打开烟道挡板约 1/5，进行自然通风，使烟气缓慢流动。木柴火势要逐渐加强，避免骤然加热，在用木柴烘炉的最初两天，燃烧要稳定而均匀，不要时断时续，也不准把火堆置于前拱或后拱的下面，否则前后拱的温度升高太快。经过一昼夜烘炉后，火堆应集中在炉排的中心位置，约占炉排面积的 1/2。锅炉内水温应保持在 70℃～80℃。在用木柴烘炉三天后，可以添加少量煤，以逐渐取代木柴烘炉。此时，烟道挡板应开大 1/4 至 1/3，并适当增大通风程度，锅炉内压强保持在一个大气压，水温可以达到轻微沸腾。用煤烘炉时，如果炉排是链条炉排或往复炉排，则必须启动炉排，使它缓慢地移动，以防烧坏炉排。

烘炉过程中的温度上升情况，应按过热器（或相应位置）后的烟气温度测定。不同炉墙结构的温升不同。对重型炉墙，第一天温升不宜超过 50℃，以后每天升温不宜超过 20℃，烘炉后期烟温不应超过 200℃～220℃。对于砖砌轻型炉墙，每天温升不应超过 80℃～100℃，后期烟温不应超过 150℃～160℃。对耐热混凝土炉墙，应在正常养护期满后（矾土水泥墙养护期为 7 昼夜，矿渣水泥炉墙养护期为 14 昼夜），才可进行烘炉，其烘炉温升每小时不应超过 10℃，后期烟温不应超过 150℃～160℃，在此温度下维持时间不应少于 1 昼夜。

烘炉所需时间与炉墙结构、干湿程度有关。一般重型炉墙为 14～15 天，轻型炉墙 4～6 天，若炉墙潮湿，气候寒冷，烘炉时间还应适当延长。

烘炉的合格标准是在烘炉时炉墙不应出现裂缝和变形，同时达到下列规定之一时为合格。

（1）在燃烧室两侧墙中部炉排上方 1.5～2.0m（或燃烧器上方 1.0～1.5m）处和过热器（或相当位置）两侧墙中部，取耐火砖、红砖的丁字交叉缝处的灰浆样各约 50g，分析其含水率，应低于 2.5%～3.0%；

（2）在燃烧室两侧墙中部炉排上方 1.5～2.0m（或燃烧器上方 1.0～1.5m）处，由红砖墙外表面向内 100mm 处温度达到 50℃，并继续维持 48h；或者过热器（或相当位置）两侧墙耐火砖与隔热层（保护层）结合处温度达到 100℃，并继续维持 48h。

烘炉的后期也可以和煮炉同时进行，以缩短煮炉时间。

新建、改建或修复后的砖烟囱和水泥烟囱，均需经烘干后才能使用。与锅炉炉墙同时砌筑的烟囱，可利用烘炉的热源同时将其烘干。改建或修复后的烟囱，可在烟道内或烟囱下部的灰坑底部单独燃烧木柴进行烘干，但要防止基础混凝土过热。

4．锅炉的试运行

（1）试运行的目的。

锅炉机组在安装完毕，并完成部分试运行及试运行前的各项试验后，最后应通过 72h 整套连续试运行，对施工、设计和设备质量进行考核，检查设备是否能达到额定压强和参数，各项性能是否满足原设计要求，并检验所有辅助设备的运行状态，鉴定各调节、保护与控制系统的功能和特性。

（2）试运行条件。

① 前阶段已发现的缺陷、结尾项目及修改意见等均已处理完毕。

② 辅助机械和附属系数及燃料、给水、除灰、用电系统等部分试运行合格，能满足锅炉满负荷运行的需要。

③ 各项检查与试验工作均已完毕，各项保护能投入。

④ 锅炉机组整套试运行须用的热工、电气仪表与控制装置，已按设计装妥并调整完毕，指示正确，功能良好。

⑤ 化学监督工作能正常进行，试运行时所用的燃料已进行分析。

⑥ 生产单位已做好生产准备，能满足试运行工作要求。

（3）试运行及其要求。

① 锅炉按运行规程点火升压至规定参数后并列，逐步增加至额定负荷（如因某种原因不能增至满负荷时，由启动委员会确定最大负荷）后，连续运行 72h。在 72h 试运行期间，锅炉本体、辅助机械和附属系统均应工作正常，其膨胀位移、严密性、轴承温度及振动均应符合技术要求。锅炉参数、气水品质、燃烧工况等均应达到设计要求。

② 燃煤锅炉 72h 运行期间，应停用稳燃油，并投入各项自动调节装置。

③ 根据调整试验结果，便可制定出锅炉机组运行工况卡片。

④ 试运行后，做出整个锅炉的技术鉴定书，安装工作到此结束。按规定办理整套试运行签证和设备验收移交工作。

4.4　桥式起重机的安装工艺

4.4.1　桥式起重机的分类、构造

桥式起重机（又名天车或行车）根据其结构特点和用途，通常分为通用桥式起重机、冶金桥式起重机和龙门起重机三大类。

通用桥式起重机主要由机械部分、金属结构和电气部分等组成。机械部分由主起升机构，副起升机构，小车、大车运行机构组成；金属结构部分主要由桥架和小车架组成，桥架通常做成箱形，其外形尺寸决定于起重量的大小、跨度的宽窄和起升高度的高低等参数；电气部分由电气传动设备和控制系统组成。

桥式起重机的主要安装程序：行车梁检查放线→轨道安装→起重机车体组装→起重机整

体吊装上位→试车。

一般轨道的安装基准线就是行车梁的基准线。在轨道安装前，对行车梁进行仔细检查的同时即可放出行车梁的基准线。

4.4.2 桥式起重机轨道的安装及检测

轨道的制作主要是轨道的下料、钻孔、调直（或称矫直）和切头。调直不但要矫直轨道垂直方向的弯曲，还要矫直侧向弯曲，而侧向弯曲是矫直的重点。

常用的轨道调直设备有轨道调直器、螺旋压力机或千斤顶。轨道调直后，应对轨道进行编号，以便按编号吊装。编号时应注意两平行轨道的接头位置应错开，其错开距离不应等于起重机前后车轮的轮距。

轨道安装时，先在行车梁上铺上弹性垫板，弹性垫板应铺在行车所弹出的中心线上，将轨道安放在上面，并用鱼尾板将轨道连成一体，轨道接头处的间隙应不大于2mm，伸缩缝处的间隙应符合图纸规定，其偏差不应超过±1mm。根据轨道找正中心线，首先将轨道找正成一直线，用螺栓压板将其初步固定，最后进行全面找正并将螺栓旋紧。垫板宜每隔3～4块对焊一块。轨道固定与焊接如图4-19所示。

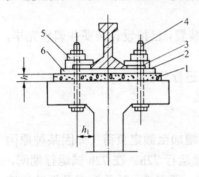

图4-19 轨道固定与焊接
1—混凝土垫层；2—焊接位置；3—压板；
4—螺栓；5—弹性垫圈；6—弹性垫板；
h—30～50mm；h_1—≥50mm

当轨道安装找正后，要用经纬仪、水准仪、钢卷尺和弹簧秤等检测工具按安装技术质量要求进行测量检查。

轨道安装质量技术要求如下。

（1）轨道实际中心线对吊车梁中心线的位置偏差不大于8mm；轨道实际中心线对安装基准线的位置偏差不大于3mm。

（2）轨道的纵向不水平度不大于1/1500mm；在每根柱子处测量轨道全行程上最高点与最低点之差不大于10mm。

（3）同跨两平行轨道的标高相对差在柱子处不大于10mm，其他处不大于15mm。

（4）轨距偏差不超过±5mm。

（5）轨道接头用对接焊时，焊条和焊缝应符合钢轨的材质和焊接质量的要求。接头用鱼尾板或与鱼尾板规格相同的连接板连接时，接头左、右、上三面的偏移均应不大于1mm。

（6）弹性垫板的规格和材质应符合设计规定。拧紧螺栓前，钢轨应与弹性垫板贴紧，如有间隙应在弹性垫板下用垫铁垫实。垫铁的长度和宽度均应比弹性垫板大10～20mm。

（7）轨道上的车挡应在吊装起重机前装妥，同一跨端的两车挡与起重机缓冲器均应接触。

4.4.3 桥式起重机的解体搬运

桥式起重机解体搬运主要分成大梁、端梁、小车、操纵室、电气部件等五大部分。

车体组装时，应复测和检查起重设备的外形尺寸和主要部件，若有变形、超差等缺陷且无法处理时，应会同有关部门研究处理。

起重机车体组装时应铺设临时大车轨道，铺设高度按吊车大梁高度确定，一般行车大梁下底面离地面 300～400mm。然后将行车大梁吊放到已找好水平及轨距的临时轨道上。连接端梁时应调平连接处的钢板，校对连接螺栓孔（不得轻易修整螺栓孔），穿上并拧紧螺栓，测量大车的对角线，两条对角线的长度差不大于 5mm。同时测量大、小车相对两轮中心距及大车上的小车轨距等。

4.4.4　桥式起重机的试车程序

桥式起重机的试车程序一般包括：试车前的准备、无负荷试车、静负荷试运转、动负荷试运转。

桥式起重机试车前的准备工作中，其主要检查项目及技术质量要求如下。

（1）切断全部电源，检查所有连接部位是否紧固。

（2）钢丝绳绳端必须固定牢固，在卷筒、滑轮组中缠绕应正确无误。

（3）电气线路系统和所有的电气设备的绝缘电阻及接线应正确。

（4）转动各机构的制动轮，使最后一根轴（如车轮轴、卷筒轴等）旋转一周不应有卡住现象。

桥式起重机无负荷试车的方法是分别开动起重机各机构，进行空负荷试运行，同时检查运行情况及安全装置。对起升机构，应将吊钩下降到最低位置，并检查运行情况和安全装置及此时卷筒上的钢丝绳圈数应不少于 5 圈。

桥式起重机静负荷试运转的方法是先将小车开到中间，在大梁中心挂上线坠，线坠边上立一标尺，如图 4-20 所示。用主钩吊起额定负荷，离地面 1m，停止 10min；然后从标尺上读出大梁的挠度且应不大于 $l/700$（l 为主梁跨度）。接着再以起升 1.25 倍的额定负荷，按上述方法进行。卸去负荷，将小车开到跨端处，检查桥梁的永久变形，反复三次后，测量主梁的实际上拱度应大于跨度的 0.8/1000。

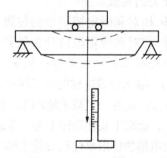

图 4-20　桥式起重机静负荷试运转示意图

桥式起重机动负荷试运转的方法是在 1.1 倍额定负荷下同时启动起升与运行机构反复运转，累计启动试验时间不应小于 15min，各机构动作应灵敏、平稳、可靠，性能应满足使用要求，限位开关和保护联锁装置的作用应可靠、准确。

4.5　垂降式电梯安装工艺

4.5.1　概述

电梯是一种比较复杂的机电综合设备。电梯产品具有零碎、分散，与安装电梯的建筑物紧密相关等特点。电梯的安装工作实质上是电梯的总装配，而且这种总装配工作大多在远离制造厂的使用现场进行，这就使电梯安装工作比一般机电设备的安装工作更重要、更复杂。因此，除从事电梯安装的专业队伍和人员外，一般单位的电梯准备自行安装时，负责安装的主要人员应有比较丰富的理论知识和实践经验，而且在开始进行电梯安装之前，还必须认真了解电梯的结构和工作原理，把准备工作做好。

4.5.2 安装前的准备工作

在安装电梯之前需做以下准备工作。

（1）建立安装小组。安装小组一般由 4～6 人组成，其中必须有熟悉电梯产品的电工和钳工各一名，以便全面负责电梯的安装和调试工作。

（2）找到放置随机技术文件的电梯包装箱，并开箱索取电梯的随机技术文件。随机技术文件应包括电梯安装说明书、使用维护说明书、易损件图册，电梯安装平面布置图、电气控制说明书、电路原理图和电气安装接线图、装箱单、合格证书等。

（3）认真阅读全部随机技术文件，清楚了解电梯的型号、规格、主要参数尺寸，彻底弄清安装平面布置图、电路原理图和电气安装接线图，并在此基础上进行下列工作。

① 核对和测量井道的宽度、深度、垂直度、底坑深度、顶层高度，并做好记录。

② 核对轿厢的规格和有关尺寸、开门方式和厅门洞的位置及尺寸。

③ 核对机房的位置、形式、尺寸及与井道的关系，地板的承载能力，各种预留孔的位置和尺寸，曳引机在机房内的位置和方向，曳引机底座和承重钢梁的位置。

④ 核对引入机房的电源线位置和容量。确定电梯总电源闸刀开关、照明总闸刀开关、极限开关的位置。

⑤ 核对和确定控制柜的位置，机房和井道内的电线管、电线槽的敷设方法。

⑥ 核对和确定限位开关装置、限速器装置、平层换速传感器装置、机械选层器及钢带、井道总接线箱、电缆架等在机房和井道内的位置。

（4）编制安装电梯的施工预算，提出用工用料计划。电梯在安装过程中，需要根据施工期的不同阶段，配备一定数量辅助工，保证安装工作的顺利进行。例如，木工、泥瓦工、电气焊工、架子工、起重工及辅助民工等。安装电梯的专用材料，制造厂一般已配备齐全，但部分辅助材料需要由电梯的使用单位在安装电梯时供应，如水泥、木材、氧气、电石、电焊条等。

（5）确定施工方案、编制施工进度计划表。为了提高安装进度，安装组内可分为机和电两个施工作业组。电梯机械和电气两个系统的安装工作，可由两个作业组采用平行交叉作业，同时进行施工。作业计划由安装小组根据进度统一安排，协商制定。

（6）清查或购置安装工具和必要的设备。安装电梯时必备的工具和设备如表 4-38 所示。

表 4-38　安装电梯必备的工具和设备

序号	名　称	规格	备注	序号	名　称	规格	备注
一、常用工具				7	套筒扳子	1 套	
1	钢丝钳	175mm		8	活扳手	100mm，150mm，200mm，300mm	
2	尖嘴钳	160mm		9	链条管子扳手	链条长度 600mm	用于电线管
3	斜口钳	160mm		10	螺丝刀	50mm，75mm，100mm，150mm，200mm，300mm	
4	剥线钳			11	十字头螺丝刀	75mm，100mm，150mm，200mm	
5	管子钳	25mm，30mm，40mm	用于电线管	12	电工刀		
6	梅花扳子	1 套		13	挡圈钳	轴、孔用全套	

续表

序号	名　称	规格	备注	序号	名　称	规格	备注
	二、钳工工具			7	铅丝	0.71mm	
1	台虎钳	2 号			四、测量工具		
2	管子台虎钳	2 号		1	钢板尺	150mm，300mm，1000mm	
4	锉刀	扁形，圆形，半圆形，方形，三角形	粗，中，细	2	钢卷尺	2m，30m	
5	什锦锉	1 套		3	卷尺		
6	钳工锤	0.5kg，0.75kg，1kg，1.7kg		4	游标卡尺	300mm	
7	铜锤			5	弯尺	200～500mm	
8	钻子			6	直尺水平仪		
9	划线规	150，250mm		7	粗校卡板		检查导轨用（自制）
10	中心冲			8	精校卡尺		检查导轨用（自制）
11	管子割刀	12～50mm	用于电线管	9	厚度规		
12	管子铰扳	0.5～2in（英寸）	用于电线管		五、切削工具		
13	丝锤	M3，M4，M5，M6，M8，M10，M12，M14，M16		1	钻头	2mm，3.3mm，4mm，4.2mm，4.5mm，5.5mm，6mm，8mm，8.5mm，10.2mm，13mm，17mm，19.2mm	大于 ϕ13mm 钻头如利用手电钻，将尾销改为 ϕ12mm
14	丝锤扳手	180mm，230mm，280mm，300mm		2	平形砂轮	125mm×20mm	
15	圆扳牙	M4，M5，M6，M8，M10，M12		3	手摇砂轮机	2 号	
16	圆扳牙扳手	200mm，250mm，300mm，380mm			六、起重工具		
17	台钻	钻孔直径 12mm		1	索具套环		
18	开孔刀		电线槽（自制）	2	索具卸扣		
19	弯管器	15～50mm		3	钢丝绳扎头	Y4-12，Y5-15	
20	三爪拉盘	300mm		4	C 字夹头	50mm，75mm，100mm	
21	手电钻	6～13mm		5	环链手动葫芦	3t	
22	导轨调整弯曲工具		自制	6	双轮吊环型滑车	0.5t	
	三、土木工具			7	油压千斤顶	5t	
1	木工锤	0.5kg，0.75kg			七、调试及测量工具		
2	手扳锯	600mm		1	弹簧秤	0～1kg，0～20kg	
3	钻子		凿墙洞用	2	秒表		
4	抹子		抹泥砂浆	3	转速表		
5	吊线锤	0.5kg，10kg，15kg，20kg		4	万用表		
6	棉纱			5	兆欧表	500V	

续表

序号	名　称	规格	备注	序号	名　称	规格	备注
6	直流中心电流表			6	油壶	0.5～0.75kg	
7	钳形电流表			7	手灯	36V	带护罩
8	同步示波器	SBT-5型		8	手电筒		
9	超低频示波器	SBD-1～SBD-6型	用于调交、直流梯	9	钢丝刷		
10	蜂鸣器			10	手剪		
11	对讲机		也可用手摇电话机	11	乙炔发生器		
	八、其他工具			12	气焊工具		
1	皮风箱	手拿式		13	小型电焊机		
2	熔缸		熔巴氏合金	14	电焊工具		
3	喷灯	2.1kg		15	电源变压器	用于36V电灯照明	
4	电烙铁	20～25W，100W		16	电源三眼插座拖板		
5	油枪	200m³					

（7）根据装箱单开箱清点、核对电梯的零部件和安装材料。清理、核对过的零部件要合理放置和保管，避免压坏或使楼板的局部承受过大载荷。可以根据部件的安装位置和安装作业的要求就近堆放，尽量避免部件的重复搬运，以便安装工作的顺利进行。例如，可将导轨、对重铁块及对重架堆放在一层楼的电梯厅门附近，各层站的厅门、门框、踏板堆放在各层站的厅门附近。轿厢架、轿底、轿顶、轿壁等堆放在上端站的厅门附近。曳引机、控制柜、限速装置等搬运到机房，各种安装材料搬进安装工作间妥善保管，防止损坏和丢失。

（8）清理井道，搭脚手架。安装电梯是一种高空作业，为了便于安装人员在井道内进行施工作业，一般需在井道内搭脚手架。对于层站多、提升高度大的电梯，在安装时也有用卷扬机做动力，驱动轿厢架和轿厢底盘上下缓慢运行，进行施工作业。也可以把曳引机先安装好，由曳引机驱动轿厢架和轿底来进行施工作业。

搭脚手架之前必须先清理井道，特别是底坑内的杂物一般比较多，必须清理干净。脚手架可用竹杆、木杆、钢管搭成。脚手架的形式与轿厢和对重装置在井道内的相对位置有关，对重装置在轿厢后面和侧面的脚手架一般可搭成如图4-21（a）所示的形式。如果电梯的井道截面积或电梯的额定载重量较大，采用单井式脚手架不够牢固时，可增加如图4-21（b）所示的虚线部分，成为双井式脚手架。搭脚手架时必须注意：

① 应用铁丝捆绑牢固，便于安装人员上下攀登。其承载压强必须在 2.45×10^3Pa 以上。横梁的间隔应适中，一般为 1300mm 左右。每层横梁应铺放两块以上脚手板，各层间的脚手板应交错排列，脚手板两端应伸出横梁 150～200mm，并与横梁捆扎牢固。

② 脚手架在厅门口处应符合如图4-21（c）所示的要求。

③ 采用竹竿或木杆搭成的脚手架，应有防火措施。

④ 不要影响导轨、导轨架及其他部件的安装，防止堵塞或影响吊装导轨和放置铅垂线。

⑤ 脚手架搭到上端站时，立杆应尽量选用短材料，以便组装轿厢时先拆除。

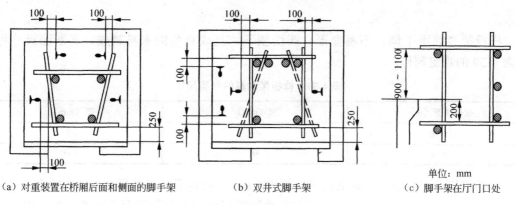

（a）对重装置在桥厢后面和侧面的脚手架　　　　（b）双井式脚手架　　　　（c）脚手架在厅门口处

图 4-21　脚手架结构形式

（9）在井道内应设置工作电压不高于 36V 的低压照明灯，并备有能满足施工作业需要的供电电源。照明灯设置点应根据井道高度和结构形式、作业点的位置选定。

（10）制作和稳固样板架与悬挂铅垂线时，制作样板架和在样板架上悬挂下放的铅垂线必须以电梯安装平面布置图中给定的参数尺寸为依据（图 4-22）。由样板架悬挂下放的铅垂线是确定轿厢导轨和导轨架、对重导轨和对重导轨架、轿厢、对重装置、厅门门口等位置，以及相互之间的距离与关系的依据。因此制作、稳固安装样板架，从样板架上悬挂和下放铅垂线是一件重要而又细致的工作，切不可粗心大意。

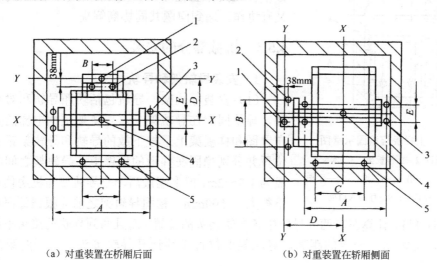

（a）对重装置在桥厢后面　　　　　　　（b）对重装置在轿厢侧面

图 4-22　样板架及铅垂线示意图

A—轿厢导轨架面距；B—对重导轨架面距；C—厅门门口尺寸；D—轿厢和对重装置中心距；E—轿厢导轨固定孔中心距

1—对重装置中心垂线；2—对重导轨架导轨固定孔中心垂线；3—轿厢导轨架导轨固定孔中心垂线；

4—轿厢中心垂线；5—厅门门口宽铅垂线

为了避免出差错，安装人员在制作样板架、稳固安装样板架、悬挂铅垂线之前，必须认真核对安装平面布置图所给定的参数尺寸与有关零部件的实际尺寸之间是否协调，如果发现有不协调之处应及时采取相应措施，确保安装工作顺利进行。

为了便于安装和保证安装质量，样板架分为上样板架和下样板架。上样板架如图 4-23

所示。

样板架必须用干燥、不易变形、四面刨平、互成直角的木料制成。其断面尺寸可参照表 4-39 的规定制作。

表 4-39　样板架木料的断面尺寸

提升高度（m）	厚（mm）	宽（mm）
≤20	40	80
>20	50	100

上样板架位于井道上方距离机房楼板约 1m 处，固定于两根托样板架的木梁上，木梁两端水平地稳固在厅门上方及对面井道墙孔内。木梁用断面为 100mm×100mm、干燥、不易变形、四面刨平、互成直角的木料制成。

下样板架水平地固定在井道底坑内距离底坑地面 800～1000mm 左右处。样板架一端顶着厅门对面的墙壁，另一端用木楔固定在厅门下面的井道墙壁上。

以上准备工作做好后，安装小组的机电人员就可以分成两个施工作业小组，对电梯的机械和电气两部分进行平行交叉作业施工。在施工过程中，应做到既有分工又有协作，遇到问题共同协商解决。

4.5.3　机械部分的安装

1. 安装导轨架和导轨

（1）安装导轨架。导轨包括轿厢导轨和对重导轨两种。导轨固定在导轨架上。导轨架根据电梯的安装平面布置图和样板架上悬挂下放的导轨和导轨架铅垂线确定位置并分别稳固在井道的墙壁上。导轨架之间的距离一般为 1.5～2m，但上端最后一个导轨架与机房楼板的距离不得大于 500mm。稳固导轨架之前应根据每根导轨的长

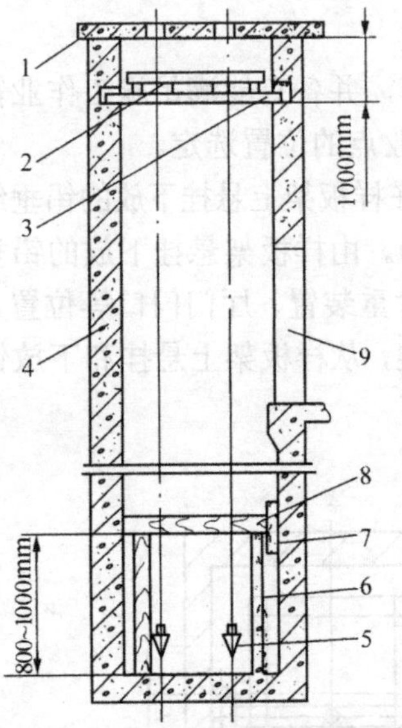

图 4-23　上样板架稳固示意图

1—机房楼板；2—上样板架；3—木梁；
4—井道墙壁；5—铅垂；6—撑木；7—木楔；
8—底坑样板架；9—厅门入口处

度和井道的高度，计算左右两列导轨中各导轨接头的位置，而且两列导轨的接头不能在一个水平面上，必须错开一定的距离。导轨架的位置必须让开导轨接头，让开的距离必须在 200mm 以上。

导轨架在墙壁上的稳固方式有埋入式、焊接式、预埋螺栓固定式、对穿螺栓固定式等四种，如图 4-24 所示。

采用埋入式稳固导轨架比较简单。稳固导轨架时，按预先计算后确定的位置及上悬挂下放的铅垂线位置，使导轨架上固定 T 形导轨的压导板螺栓孔或固定角钢导轨的螺栓孔中心对准铅垂线，并使导轨架面与铅垂线之间预留 3～5mm 的距离，以便测量和用导轨调整垫片调整两列导轨间的面距，如图 4-25（a）所示。然后把导轨架埋入如图 4-25（b）所示的预留孔内，再用水平尺校正，后用 400 号以上的水泥砂浆灌注即可。用这种方式稳固导轨架时，导轨架开脚埋进的深度不得小于 120mm。为了便于安装和保证质量，在稳固导轨架时，一般可按上述方式先稳固每列导轨的上、下两个导轨架，上、下两个导轨架稳固好并经认真

核对认为符合要求，待固定导轨架的水泥砂浆完全凝固后，把铅垂线捆扎在上、下两个导轨架上，然后再逐个稳固中间各导轨架。

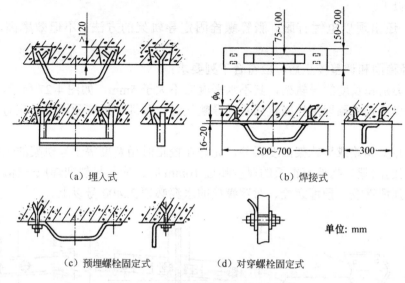

图 4-24　导轨架在墙壁上的稳固方式

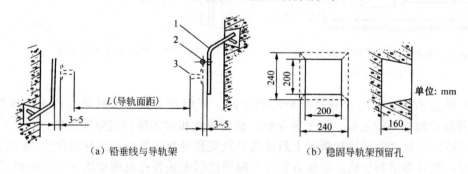

图 4-25　铅垂线、导轨架预留孔示意图

1—导轨架；2—铅垂线；3—导轨

　　除采用埋入式稳固导轨架外，还常采用焊接式和预埋螺栓固定式稳固导轨架。一般砖结构的电梯井道采用埋入式稳固导轨架既简单又方便，但是对于钢筋混凝土结构的电梯井道，则常用焊接式、预埋螺栓固定式、对穿螺栓固定式稳固导轨架。

　　采用焊接式稳固导轨架时，必须先把预埋钢板按预定要求预埋好。预埋钢板的规格视导轨架的用途和结构形式而定，其厚度一般为 16～20mm。预埋钢板的钢筋必须与电梯井道墙壁里的钢筋连接牢固。

　　采用焊接式、预埋螺栓固定式、对穿螺栓固定式稳固导轨架时，需按样板架上悬挂下放的铅垂线，先准确测量和制作上、下两个导轨架，并先把这两个导轨架稳固好，再把铅垂线捆扎在这两个导轨架上，然后逐个测量、制作、稳固中间各导轨架。

　　采用焊接式固定导轨架时，焊接速度要快，避免预埋件过热变形。与预埋件及加强件之间的焊口要焊接牢固。

　　在安装电梯过程中，特别是在安装两台并联的电梯时，常遇到两台电梯共用一个井道而出现两列导轨共用一组导轨架的情况。这时的导轨架可用螺栓固定或直接焊在钢梁上，如图 4-26 所示。采用这种方式固定导轨架时，固定导轨架的钢梁两端埋入井壁的深度必须大于 150mm 以上。

近年来，还出现以电锤打眼、胀管螺栓固定导轨架的方法，不但效率高，而且施工方便。

导轨架经稳固和调整校正后，应符合下列要求：

① 任何类别和长度的导轨架，其不水平度应不大于 5mm，如图 4-27 所示。

② 采用焊接式或预埋螺栓固定式稳固导轨架时，预埋钢板或预埋螺栓应与井壁的钢筋焊接牢固。

③ 由于井壁偏差或导轨架高度误差，允许在校正时用宽度等于导轨架的钢板调整井壁与导轨架之间的间隙。当调整钢板的厚度超过 10mm 时，应与导轨架焊成一体。

④ 浇灌预埋钢板、预埋螺栓、对穿螺栓的水泥必须在 400 号以上。

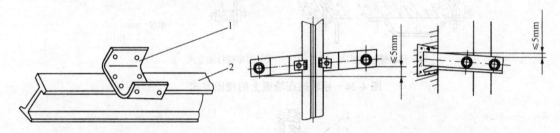

图 4-26　两列导轨公用的导轨架　　　　　　图 4-27　导轨架的不水平度
1—导轨架；2—工字钢

（2）吊装和校正导轨。导轨架全部固定好，采用埋入式稳固时灌注的水泥砂浆完全凝固，并经全面检查校正后，可吊装导轨。轿厢导轨和对重导轨应分别吊装。

吊装轿厢导轨之前需按样板架上悬挂的导轨架和导轨铅垂线确定导轨位置，先把底坑槽钢安装好，然后再吊装导轨。吊装导轨时一般通过预先装置在机房楼板下的滑轮和尼龙绳，由下往上逐根吊装对接，并随时用压导板和螺栓把导轨固定在导轨架上。

导轨的下端应与底坑槽钢连接，上端与机房楼板之间的距离和电梯运行速度有关，按电梯安装安全规范 GB 7588—2003 的规定，当对重装置完全坐在它的缓冲器上时，轿厢导轨的长度应能提供不小于国家标准规定的进一步制导行程。

导轨吊装完成后，不管是轿厢导轨还是对重导轨，都必须进行认真的调整校正，尤其是轿厢导轨的加工精度和安装质量的好坏，对电梯运行时的舒适感和噪声等性能都有着直接影响，而且电梯的运行速度越大，影响就越大。而电梯的对重导轨也是加工精度和安装质量越高越好，特别是快速梯和高速梯的对重导轨，要求仍然是很严格的。因此，除低速货梯、医用电梯的对重导轨采用角钢导轨外，1.0m/s 以上的客、病梯均采用 T 形导轨。

导轨调整校正之前需悬挂两根如图 4-28（a）所示的导轨中心铅垂线，并用图 4-28（b）所示的粗校卡板，分别自下而上地初校两列导轨的三个工作面与导轨中心铅垂线之间的偏差。经粗校和粗调后，再用精校卡尺进行精校。精校卡尺可按图 4-29 所示制作。

精校卡尺是检查和测量两列导轨间的距离、垂直、偏扭的工具。导轨经精校后应达到如下要求。

① 两列导轨要垂直，而且互相平行，在整个高度内的相互偏差应不大于 1mm，如

图 4-30（a）所示。

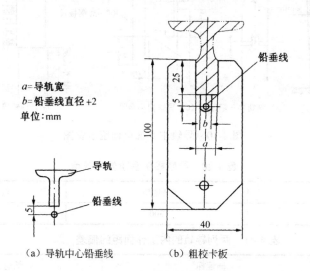

$a=$ 导轨宽
$b=$ 铅垂线直径 +2
单位：mm

（a）导轨中心铅垂线　　（b）粗校卡板

图 4-28　导轨中心铅垂线与粗校卡板

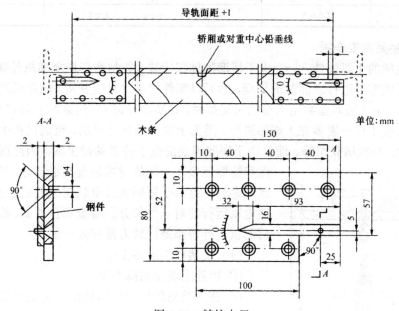

图 4-29　精校卡尺

② 两列导轨的侧工作面与图 4-28（a）中所示的铅垂线偏差，每 5m 应不大于 0.7mm。

③ 导轨接头处的缝隙 a 应不大于 0.5mm，如图 4-30（b）所示。

④ 导轨接头处的台阶，用 300mm 长的钢板尺靠在工作面上，用厚薄规检查在 a_1 和 a_2 处应不大于 0.04mm，如图 4-30（c）所示。

⑤ 导轨接头处的台阶应按表 4-40 的规定修光。修光后的凸出量应不大于 0.02mm，如图 4-30（d）所示。

⑥ 两列导轨的内工作面距（如图 4-25 所示的 L）在整个长度内的偏差值，应符合表 4-41 的规定。

⑦ 导轨应用压导板固定在导轨架上，不允许焊接或用螺栓直接固定。

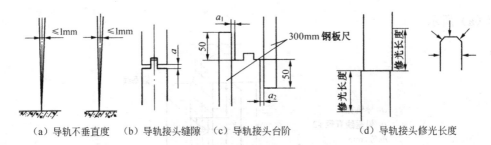

（a）导轨不垂直度　（b）导轨接头缝隙　（c）导轨接头台阶　　　　（d）导轨接头修光长度

图 4-30　导轨主要部位调整示意图

表 4-40　导轨接头台阶修光长度　　　　　　　　　　　　　单位：mm

电梯类别	高速梯	低速梯、快速梯
修光长度	300	200

表 4-41　两列导轨的内工作面距的偏差　　　　　　　　　　　单位：mm

电梯类别	高速梯		低速、快速梯	
导轨用途	轿厢导轨	对重导轨	轿厢导轨	对重导轨
偏差值	$L\pm0.5$	$L\pm1$	$L\pm1$	$L\pm2$

2. 组装轿厢和安全钳

轿厢是电梯的主要部件之一。由于桥厢的体积比较大，制造厂把全部机件制作完后，经合装检查再拆成零件进行表面装潢处理，然后以零件的形式包装发货。因此轿厢的组装工作比较麻烦，而且由于轿厢是乘用人员的可见部件，装潢比较讲究，组装时必须避免磕碰划伤。

轿厢的组装工作一般多在上端站进行，因为上端站最靠近机房，组装过程中便于起吊部件，核对尺寸，与机房联系等。而且由于轿厢组装后位于井道的最上端，因此通过曳引钢丝绳和轿厢连接在一起的对重装置在组装时，就可以在井道底坑进行。这对于轿厢和对重装置组装后挂曳引钢丝绳，通电试运行前对电气部分做检查和预调试，检查和预调试后的试运行等都是比较方便和安全的。

（1）组装前的准备工作。

① 拆除上端站的脚手架。

② 在上端站的厅门门口地面与对面井道壁之间，水平地架起两根不小于 200mm × 200mm 的方木或钢梁。方木或钢梁的一端平压在厅门门口上，另一端水平地插入井道后壁的墙洞中，作为组装轿厢的支承架。两根方木或钢梁应在一个水平面上，并用木料顶挤牢固。

③ 在与轿厢中心对应的机房地板预留孔处悬挂一只 2～3t 的环链手动葫芦，以便组装时起吊轿厢底、上下梁等重大零件，如图 4-31 所示为轿厢组装示意图。

（2）组装前的准备工作完成后可开始组装轿厢和安全钳，组装步骤如下。

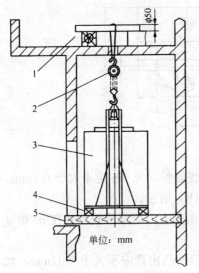

图 4-31　轿厢组装示意图
1—机房；2—2～3t 手动葫芦；3—轿厢；
4—木块；5—200mm × 200mm 方木

① 把轿架下梁放在支承架上，使两端的安全嘴与两列导轨的距离一致，并校正、校平，其不水平度应不大于 2/1000mm。

② 把轿厢底放在下梁上，支承垫好并校正、校平，其不水平度应不大于 2/1000mm。

③ 竖立轿厢两边的立梁，用螺栓分别把两边的立梁与下梁、轿底连接并紧固，立梁在整个高度内的不铅垂度应不大于 1.5mm。

④ 用手动葫芦吊起上梁，并用螺栓与两边立梁螺固成一体，螺固后的上下梁和两边立梁不应有扭转力矩存在。

⑤ 把安全钳的楔块放入梁两端的安全嘴内，装上安全钳的拉杆。使拉杆的下端与楔块连接，上端与上梁的安全钳传动机构连接，并使两边楔块和拉杆的提拉高度对称且一致；使安全嘴底面与导轨正工作面的间隙为 3.5mm，楔块与导轨两侧工作面的间隙为 2～3mm，绳头拉手的提拉力应为 147～294N，且动作灵活可靠。

⑥ 安装和调整导靴（图 4-32），使两边的导靴垂直，然后调整导靴的调整螺丝，使两边上、下导靴中的 a 和 c 值均为 2mm。b 值符合表 4-42 的规定。

表 4-42　b 的数值

电梯额定载重量（kg）	500	750	1000	1500	2000～3000	5000
b（mm）	42	34	30	25	25	20

⑦ 按安装平面布置图和随机技术文件的要求，在立梁上装好限位开关和极限开关打板，换速平层装置固定架和隔磁板等，并用铅垂线校正。经校正后的不垂直度应不大于 2/1000mm。

⑧ 组装轿厢。用手动葫芦将轿顶吊挂在上梁下面，将每面轿壁装成单扇后与轿顶、轿底固定好。对设有轿门这一扇的轿壁应用弯尺校正，其不垂直度应不大于 1/1000mm。

⑨ 装扶手、照明灯、操纵箱、轿内指示灯箱、装饰吊顶、整容镜等。

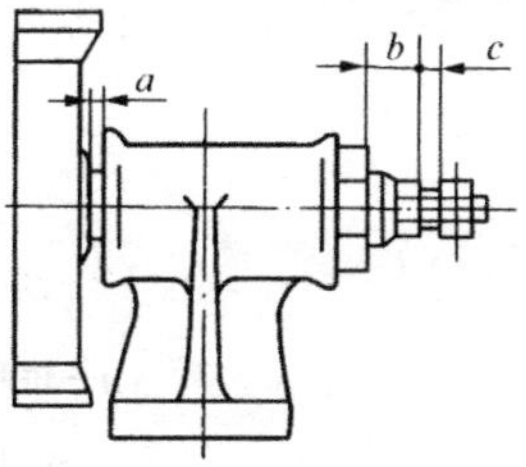

⑩ 装轿厢门的上滑道和轿门。对有自动开关门机构的轿门，

图 4-32　轿厢滑动导靴

其碰撞力应不大于 147N。如果轿门装有安全触板，动作时的碰撞力应不大于 4.9N。

轿厢和轿门在组装过程中应边组装边校正，组装后每个零部件都要分别达到规定要求，全部机件装配完后再进行一次全面的检查校正工作，以确保安装质量。

3．安装缓冲器和对重装置

缓冲器和对重装置的安装工作都在井道底坑内进行。缓冲器安装在底坑槽钢或底坑地面上。对重在底坑里的对重导轨内距底坑地面 700～1000mm 处组装。

（1）安装缓冲器。对于设有底坑槽钢的电梯，通过螺栓把缓冲器固定在底坑槽钢上；对于没有设底坑槽钢的电梯，缓冲器应安装在混凝土基础上。安装时，应根据电梯安装平面布置图确定的缓冲器位置，把缓冲器支撑到要求的高度，校正、校平后穿好地脚螺栓，再制作基础模板和浇灌混凝土砂浆，把缓冲器固定在混凝土基础上。

安装缓冲器时，固定缓冲器的混凝土基础高度视底坑深度和缓冲器自身的高度而定。有关部位参数尺寸之间的关系如图 4-33 所示。

① 采用油压缓冲器时，经校正、校平后活动柱塞的不铅垂度应不大于 0.5mm，如图 4-34（a）所示。

② 一个轿厢采用两个缓冲器时，两个缓冲器间的高度差应不大于 2mm，如图 4-34（b）所示。

③ 采用弹簧缓冲器时，弹簧顶面的不水平度应不大于 4/1000mm，如图 4-34（c）所示。

④ 缓冲器的中心应对准轿架下梁缓冲板或对重装置缓冲板的中心，其偏差应不大于 20mm。

（2）安装对重装置。对重装置由对重架和对重铁块组成。安装时用手动葫芦将对重架吊起就位于对重导轨中，并按图 4-33 所示和表 4-43 的要求，把对重架提升到要求的高度，下面用方木顶住垫牢，把对重导靴装好，再根据每一对重铁块的重量和平衡系数，计算并装入适量的铁块。铁块要平放、塞实，并用压板固定，防止运行时由于铁块窜动而发生噪声。

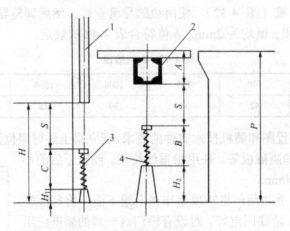

图 4-33　缓冲器安装示意图

A—轿厢踏板平面至下梁缓冲板的距离（mm）；B、C—缓冲器全高（mm）；

S—见表 4-43；H_2—等于 $P-(A+B+S)$（mm）；P—底坑深度（mm）

1—对重装置；2—轿架下梁；3—对重缓冲器；4—轿厢缓冲器

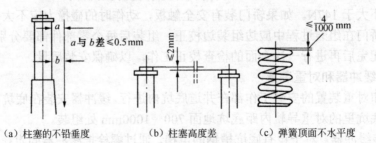

（a）柱塞的不铅垂度　　　（b）柱塞高度差　　　（c）弹簧顶面不水平度

图 4-34　缓冲器安装调整示意图

表 4-43　S 的值

额定速度（m/s）	缓冲器类型	S（mm）
0.5～1.0	弹簧缓冲器	200～350
1.5～3.0	油压缓冲器	150～400

4.5.4　安装后的试运行和调整

电梯的全部机电零部件经安装调整和预试验后，拆去井道内的脚手架，给电梯的电气控制系统送上电源，控制电梯上、下做试运行。试运行是一项全面检查电梯制造和安装质量好坏的工作。此工作直接影响着电梯交付使用后的效果，因此必须认真负责地进行。

1. 试运行前的准备工作

为了防止电梯在试运行中出现事故，确保试运行工作的顺利进行，在试运行前需认真做好以下准备工作。

（1）清扫机房、井道、各层站周围的垃圾和杂物，并保持环境卫生。

（2）对已经安装好的机电零部件进行彻底检查和清理，打扫擦洗所有的电气和机械装置，并保持清洁。

（3）检查下列润滑处是否清洁，并添足润滑剂。

① 曳引机应置于室内，环境温度保持在-5～40℃之间，减速箱应根据季节添足润滑剂。其中夏季用 HL-30 齿轮油（SYB 1103-62S），冬季用 HL-20 齿轮油（SYB 1103-62S）。油位高度按所示油位线确定。

② 擦洗导轨上的油污。采用滑动导靴，而导靴上未设自动润滑装置，导轨为人工润滑时，应在导轨上涂适量的钙基润滑脂（GB/T 491—2008）；采用滑动导靴，且导靴上设有自动润滑装置时，在润滑装置内应添足够的 HJ-40 机械油（GB 443—1989）。

③ 缓冲器采用油压缓冲器时，应按表 4-44 的规定添足油料，油位高度应符合油位指示牌标出的要求。

表 4-44　油压缓冲器用油

额定载重量（kg）	油号规格	黏度范围
500	高速机械油 HJ-5（GB 443—1989）	1.29～1.40°E50
750	高速机械油 HJ-7（GB 443—1989）	1.48～1.67°E50
1000	机械油 HJ-10（GB 443—1989）	1.57～2.15°E50
1500	机械油 HJ-20（GB 443—1989）	2.6～3.31°E50

注：°E50 是液压标准中的恩氏黏度符号。

（4）清洗曳引轮和曳引绳的油污。

（5）检查导向轮或轿顶轮和对重轮、限速器和涨紧装置等一切具有转动摩擦部位的润滑情况，确保处于良好的润滑工作状态。

（6）检查所有电器部件和电器元件是否清洁，电器元件动作和复位时是否自如，接点组的闭合和断开是否正常可靠，电器部件内外配接线的压紧螺钉有无松动，焊点是否牢靠。

（7）检查电气控制系统中各电器部件的内外配接线是否正确无误，动作程序是否正常。这是安装电工在电梯试运行前必须做的重要工作，通过这一工作可以全面掌握电气控制系统各方面的质量情况，发现问题及时排除，确保试运行工作的顺利进行。为了便于全面检查和安全起见，这一工作应在挂曳引绳和拆除脚手架之前进行。

已挂好曳引绳的一般应将曳引绳从曳引轮上摘下,摘绳之前应在井道底坑可靠地支起对重装置,在上端吊起轿厢,以便摘绳。采用机械选层器的电梯也应摘下钢带。

若认为摘下已挂好的曳引绳太麻烦,也可以采取不摘下曳引绳,而采取甩开曳引电机电源引入线的方法解决。但是甩开电机电源引入线后,进行电气控制系统的程序检查时,由于不能确定电机的运转方向是否和控制系统的上下控制程序一致。因此在检查结束后,接上电机的电源引入线,准备试运行前,必须用盘车手轮,使轿厢向下移动一定距离,再通过慢速控制系统点动控制轿厢上下移动,确认电机电源引入线的接法符合控制系统的要求后方能开始试运行。

曳引绳从曳引轮上摘下或电机电源引入线甩掉后,可开始对电气控制系统进行全面检查。检查时应有两名熟识电气控制系统的技工参加,其中一名位于轿厢内,另一名位于机内。位于轿厢内的技工按机房内技工发出的命令,模拟司机或乘用人员的操作程序逐一进行操作,机房内的技工根据轿厢内技工的每一项操作,检查和观察控制柜内各电器元件的动作程序,分析是否符合电气控制说明书或电路原理图的要求,曳引电机的运转情况是否良好,运转方向是否正确。

检查工作应认真而又全面地进行,发现问题应寻找原因,正确处理,直至正常为止,切不可急于送电试车。

（8）牵动轿顶上安全钳的绳头拉手,检查安全钳的动作是否灵活可靠,导轨的正工作面与安全嘴底面、导轨两侧的工作面与两楔块的间隙是否符合要求。

以上准备工作完成后,将曳引绳挂在曳引轮上,然后放下轿厢,使各曳引绳均匀受力,并使轿厢下移一定距离后,拆去对重装置支撑架和脚手架,准备进行试运行。

2．试运行和调整

（1）先用盘车手轮使轿厢向下移动一定距离,确信可以通电试车时,才能准备通电试运行,试运行工作只能在慢速状态下进行。

（2）通过操纵箱上的钥匙开关或手指开关,使控制系统处于慢速检修运行状态,准备在慢速检修状态下试运行。

进行电梯的试运行工作应有三名技工参加,其中机房、轿内、轿顶各有一人,由具有丰富经验的安装人员在轿顶指挥和协调整个试运行工作。

试运行时可以通过轿内操纵箱指令按钮或轿顶检修箱上的慢上或慢下按钮,分别控制电梯上、下往复运行数次后,对下列项目逐层进行考核和调整校正。

① 厅、轿门踏板的间隙,厅门锁滚轮和门刀分别与轿厢踏板、厅门踏板的间隙,各层必须一致,而且符合随机技术文件的要求。

② 干簧管平层传感器和换速传感器与轿厢的间隙、隔磁板与传感器盒凹口底面及两侧的间隙应符合随机技术文件的要求。

③ 极限开关、上下端站限位开关等安全设施动作应灵活可靠,起安全保护作用。

④ 采用层楼指示器或机械选层器的电梯,在电梯试运行过程中,在轿厢能够上下运行时,检查和校正三刃动触头或拖板与各层站的定触头或固定板的位置。

（3）经慢速试运行和对有关部件进行调整校正后,才能进行快速试运行和调试。进行快速试运行时,先通过操纵箱上的钥匙开关,使电气控制系统由慢速检修运行状态,转换为额定快速运行状态。然后通过轿内操纵箱上的内指令按钮和厅外召唤箱上的外指令按钮控制电梯上下往复快速运行。对于有/无司机控制的电梯,有司机和无司机两种工作状态都需分别进行试运行。

在电梯的上下快速试运行过程中，通过往复启动、加速、平层运行、单层运行和多层运行、到站提前换速、在各层站平层停靠开门等过程，根据随机技术文件、电梯技术条件、电梯制造及安装安全规范的要求，全面考核电梯的各项功能，反复调整电梯在关门启动、加速、换速、平层停靠、开门等过程的可靠性和舒适感，反复调整轿厢在各层站的平层准确度，自动开关门过程中的速度和噪声水平等。提高电梯在运行过程中的安全、可靠、舒适等综合技术指标。

3. 试运行和调整后的试验与测试

电梯经安装和全面试运行及认真调整后，根据电梯技术条例、安装规范、制造和安装安全规范的规定做以下试验和测试。

（1）按空载、半载（额定载重量的 50%）、满载（额定载重量的 100%）等三种不同载荷，在通电持续率为 40% 情况下，往复开梯各 1.5h。电梯在启动、运行和停靠时，轿内应无剧烈的振动和冲击。制动器的动作应灵活可靠，运行时制动器闸瓦不应与制动轮摩擦，制动器线圈的温升不应超过 60℃，减速器油的温升不应超过 60℃，且温度不应高于 85℃。电梯的全部零部件工作正常，元器件工作可靠，功能符合设计要求，主要技术指标符合有关文件的规定。

（2）经空载、半载、满载试验和检查，在确认完全符合有关技术文件的规定和要求的基础上，可进行超载试验。进行超载试验时，轿厢内应装有 110% 的额定载重量，在通电持续率为 40% 的情况下运行 30min。在超载运行 30min 过程中，电梯应能安全地启动和运行，制动器作用可靠，曳引机工作正常。

（3）使轿厢处于空载和在检修慢速运行的情况下，做安全钳的动作试验。试验时使轿厢处于空载，并以检修速度下降。当轿厢运行到合适位置时，用手扳动限速器，人为地使限速器和安全钳动作。安全嘴内的楔块应能可靠地夹住导轨，轿厢停止运动，安全钳的联动开关也应能可靠地切断控制电路。

（4）采用油压缓冲器的电梯须做缓冲器动作试验。试验时，使轿厢处于空载并以检修速度下降，将缓冲器全压缩，然后使轿厢上升，从轿厢开始离开缓冲器一瞬间起，直至缓冲器恢复到原状态止，所需时间应不大于 90s。

（5）使轿厢处于额定载重量的情况下，控制电梯上下运行，电梯实际升降速度的平均值与额定速度的差值，交流双速梯不大于 ±3%，直流梯不大于 ±2%。实际升降速度的平均值可按下式计算

$$v_{平均} = \pi d (n_{上} + n_{下}) / (2 \times 6 i_{减} i_{曳})$$

式中　$v_{平均}$——实际升降速度的平均值（单位：m/s）；

d——曳引轮节径（单位：m）；

$n_{上}$，$n_{下}$——电梯在额定载重量升降时电动机转速（单位：r/min）；

$i_{减}$——减速机减速比；

$i_{曳}$——电梯的曳引比。

（6）使轿厢分别处于空载和满载情况下，控制电梯上下运行，在底层的上一层、中间层、顶层的下一层，分别测量平层准确度，其数值应全部符合表 4-45 的规定。

表 4-45　平层准确度

电梯类型	额定速率（m/s）	允差值（mm）
直流高速梯	2，2.5，3	±5
直流快速梯	1.5，1.75	±15
交流双速梯	0.75，1	±30
	0.25，05	±15

（7）使轿厢位于底层，连续平稳地加入载荷，对于额定载重量为 2000kg 以下的货梯、乘客电梯、病床电梯，载以 200%的额定载重量，其余各种电梯载以 150%的额定载重量。经 10min 后各承重机件应无损坏，曳引绳在槽内应无滑移，制动器应能可靠地刹住。

（8）在条件允许和可能的情况下，对于较高级的电梯需对电梯的加减速度、振动加减速度、机房和轿内的噪声进行测试，其结果也应符合有关技术文件的规定。

4.5.5　安装和调试中的安全注意事项

安装电梯是在高空、工作场地狭小、多层次的脚手架上进行多层次的交叉作业，而且安装人员不但要随身携带多种工具，还要使用带电的电气工具和电气设备。因此，必须对每个安装人员进行安全知识教育，制定必要的安全工作制度和安全操作规程，提高每个安装人员执行安全工作制度和安全操作规程的自觉性，使大家充分注意安装过程中的安全注意事项。

为了避免人身和设备事故的发生，在安装电梯的过程中，需特别注意以下几点。

（1）开箱检查后的零部件应有计划地、合理地堆放和保管，防止丢失、雨淋、严重挤压等造成零部件的损坏。

（2）安装前应认真检查脚手架是否牢固可靠，是否符合要求，使用的工具和起重设备是否可靠，井道是否有充分照明。

（3）清理好施工场地，在各层站的门洞处应设置防止闲人进入的围栏和护栅。

（4）进入井道时应戴好安全帽，并携带工具袋。在安装作业过程中，所使用的螺丝刀、扳手、钳子、锤子等工具应随时放进工具袋，防止不慎失落时伤人。

（5）使用手持电动工具和设备时，要有可靠的保护接地或接零措施，并应戴绝缘手套，穿绝缘鞋。

（6）施工中使用的汽油、煤油、电石、油漆等易燃物品要妥善保管，远离火源，并备有一定数量的消防器材。

（7）试运行时需在充分做好准备工作，确定正确无误后，方能通电试运行。试运行时应有 2～3 名熟识电梯产品的安装技工参加，并由一人统一指挥，没有指挥者的命令任何人不得乱动。

（8）在轿顶上调整换速平层装置和其他零部件时，应在电梯完全停稳并按下轿顶检修箱上的急停按钮后进行。电梯运行时，手应扶住上梁或其他安全牢固的机件，不能抓曳引钢丝绳，而且必须把整个身体置于轿厢尺寸之内，以防碰撞其他机件。

（9）给轴承、摩擦、滑动部位加润滑油时，必须在电梯停稳后进行，并避免油外溢到地面上，使人滑倒或引起火灾。

（10）在多台电梯共用的井道里作业时应加倍小心，安装人员不但要注意本电梯的位移，还要注意相邻电梯的动态。

（11）浇灌巴氏合金时，要戴防护眼镜和手套。

除以上注意事项外，应注意的安全问题还很多，此处不一一列举。

 # *4.6　钢结构安装工艺

4.6.1　钢结构的拼装

1．拼装的要点

（1）支承。进行拼装工作，需要具备一个支承平面。拼装通常是在拼装平台上进行，平台的下支承面要牢固，上平面要保持水平，要用测量仪器检验。拼装时，要在平台上画出拼装底样，以底样为基准进行拼装。

（2）定位。钢结构拼装时，应以施工图的几何尺寸为基准，按一定的方向、位置限制定位，使拼装件不能随便移动。

（3）夹紧。通过工具在外力的作用下，各个拼装件能坚实地固定在所占居的位置上实现准确的拼装定位。

2．角钢框的拼装

矩形内拗角框是将整根角钢分成 3～4 个部分拗制而成的（由 3 个部分拗制时应由直角切斜口对缝，由 4 个部分拗制时可在长边切直口对缝）。如果框架的长、宽尺寸不超过 3m 可用整根角钢制作。制作时，按图纸尺寸切口，在切口立面加热，用挡铁定位，向内侧进行拗制。

一般角钢和槽钢切口拗直角相同。如果角钢或槽钢面宽不超过 100mm 时，可用氧乙炔焰加热拗制。拗制中，因角钢有一定厚度，在拗曲受力时，其外弧会产生拉伸增长而出现圆角。因此，要用不太钝的压弧锤在切口处击打，以减少大的圆弧角。

3．屋架的拼装

钢屋架多采用底样仿效方法进行拼装，其工艺过程如下。

（1）按设计尺寸并按长、高尺寸，以 1/1000 预留焊接的收缩量，在拼装平台上放出拼装底样。因为在设计图纸上不标注屋架的起拱量，所以要放底样，按跨度比例画出起拱，以备拼装时按实物进行起拱。

（2）在底样上须按图画好角钢面的宽度和立面厚度，作为拼装时的依据。

（3）屋架拼装时，一定要保持平台的水平。如果不平，可在拼装前用仪器调整垫平，否则拼装成的屋架，在上下弦及中间位置产生侧向弯曲，从而导致质量上的缺陷。

（4）做好上述工作后，将底样上各位置上的连接板用电焊点牢，并用挡铁定位，作为第一次单片屋架拼装基准的底模。

（5）将大小连接板按位置放在底模上。屋架的上下弦及所有的立、斜撑和限位板放到连接板上面，进行找正对齐，用卡具夹紧点焊。待全部点焊牢固，可用吊具做 180°翻转，这样就可以该扇单片屋架为基准仿效组合拼装。拼装后一般均采用焊接连接，并按技术文件要求进行质量检验。

4.6.2 钢结构的安装

钢结构构件具有质量较小，安装方便，安装速度比其他结构快，且吊装起重设备相对简单等特点，但是构件尺寸较大，所以必须注意吊点的位置和采取必要的临时加固措施。

1．安装前的检查

安装前，要依据图纸对所有安装件进行全面检查和必要的校正。

（1）数量检查。按图纸和技术文件清点安装件。若有缺少，需按设计图纸所规定的材质、规格进行补制。

（2）质量检查。要进行外观检查，即检查外表有无因运输、堆放不当而引起的弯曲和扭曲等缺陷。必要时要用仪器、量具进行几何尺寸、垂直度、挠度等项检查。

若发现安装件不符合质量要求，必须进行加工和矫正，以防产生应力变形。

安装件位于连接焊缝的两侧 30～50mm 内，不许涂油漆，并要进行除锈。

设备与基础接触面要根据面积大小，分别采取打砂或用钢丝刷除锈防腐。

2．钢柱的安装

（1）基础的检查。除检查基础浇灌质量外，还应检查基础的位置和外形尺寸，并进行必要的清理和标高调整。调整标高所用的垫铁不得超过 3 层。

（2）基础放线。可用拉钢丝或画墨线的方法确定柱子的平面位置。

（3）柱子的起吊就位。柱子起吊前，应从柱底脚板向上 500～1000mm 处，画一水平线，用于安装固定时作为复查平面标高基准。柱子安装通常采用垂直吊装，以便就位，捆绑点应设在柱子全长 2/3 的上方位置。捆绑要牢固，且易于拆除。柱子起吊时，应先进行试吊，即先吊起 200mm 高度后停止，然后检查索具和吊车，待均为正常后，方可继续进行正式起吊。柱子就位时，应缓慢下降，调整柱底脚板与基础的基准线，达到准确位置，并注意保护地脚螺栓。柱子就位后拧紧全部螺母，将柱子临时加固。当达到安全时，方可摘除吊钩。

（4）柱子的校正固定。柱子校正应以基础中心线及柱身上的标高线为基准，用准直仪测量柱子标高线与固定标板的标高是否一致，若有误差，可用千斤顶调整。同时还要校验柱子的垂直度，若有误差，应用硬支承或拉筋进行调整。找正后，将硬支承或拉筋的可调部分用螺母锁紧固定。基础上设有固定钢筋时，可将预埋钢筋用乙炔焰烤红，弯贴在立柱上，然后将全部钢筋焊接在立柱上，以避免立柱移动。

（5）二次灌浆。立柱安装后，在基础四周支放模板，进行二次灌浆。

3．钢屋架的安装

钢屋架的安装可采用单榀吊装法，即将每个屋架分散吊装，并及时做好第一及第二个开间的精确校正，装好全部支承和拉杆后再继续进行安装。

钢屋架的平面刚度较差，起吊时一般需要加固，加固位置应根据屋架的吊装方法和捆绑情况确定，一般选定在屋架吊装中的受压部位。

吊装钢屋架的吊索必须绑在屋架节点上，以防杆件吊点处产生弯曲变形。第一榀屋架起吊就位后，应在两侧设置缆风固定。第二榀屋架起吊就位后，应装上 2～4 根上下弦、垂直支承。待第三榀屋架起吊就位后，必须将这两个开间的屋架上下弦支承、垂直支承全部装好，并吊线校正屋架的垂直度，装好并拧紧全部节点上的螺栓，以形成一个"稳定块"，然后再进行其他屋架的安装。

4.6.3　钢结构的运输和堆放

1．运输

（1）铁路运输。铁路运输应遵守国家火车装车限界，如有少量超出应预先向铁路部门提出超宽或超高通行报告，经批准后可在规定的时间运送。

（2）公路运输。高度极限为4.5m，如需通过隧道时，则高度极限为4m，构件长出车身不得超过2m。

（3）海轮运输。海轮到达港口后由海港负责装船。内河运输则必须考虑构件的重量和尺寸，使其不能超过当地起重能力和船体尺寸。

2．堆放

（1）钢材的堆放。钢材的堆放要减少钢材的变形和锈蚀，节约用地，提取方便。

露天堆放，场地要平整，并高于周围地面，四周有排水沟，雪后易于清扫。堆放时尽量使钢材截面的背面向上或向外，以免积雪或积水。

堆放在有顶棚的仓库内时，可直接堆放在地坪上，下垫楞木，对小钢材亦可堆放在架子上。

堆放时每隔5～6层放置楞木，其间距以不引起钢材明显弯曲变形为宜。楞木要上下对齐，在同一垂直平面内。

为增加堆放的稳定性，可使钢材互相勾连或采取其他措施，否则堆放高度不应大于其宽度。

考虑堆放时要便于搬运，应留有一定宽度的通道以便运输。

（2）钢结构成品的堆放。成品堆放应注意以下事项。

① 堆放场地应平整干燥，并备有足够的垫木、垫块，使构件得以放平、放稳。

② 侧向刚度较大的构件可以水平堆放，当多层叠放时，必须使各层垫木在同一垂线上。

③ 大型构件的小零件，应放在构件的空当内，用螺栓或铁丝固定在构件上。

④ 同一工程的构件应分类堆放在同一地区，以便发运运输。

4.7　金属储油罐的安装工艺

4.7.1　金属储油罐的种类和特点

金属储油罐在石油化工储存石油及其产品及其他液体化学产品中的应用越来越广泛，它与非金属储油罐比较有以下优点。

（1）结构简单，施工方便。

（2）运行、检修方便，劳动、卫生条件好。

（3）不易泄漏。

（4）与混凝土储油罐相比，加热温度一般不受限制。

（5）投资小。

（6）灭火条件较同容量的混凝土储油罐好。

（7）占地面积小。

缺点是热损失较大，耗金属量较多。

由于金属储油罐储存的介质种类很多，对储存条件的要求也多样化，因此到目前为止，出现了很多类型的金属储油罐。

金属储油罐的形式是金属储油罐设计必须首先考虑的问题，它必须满足给定的工艺要求，根据场地条件（环境温度、雪载荷、风载荷、地震载荷、地基条件等）、储存介质的性质、容量大小、操作条件、设置位置、施工方便程度、造价、耗钢量等有关因素来决定。金属储油罐通常按几何形状和结构形式可分为：固定顶储油罐、浮顶储油罐、悬链式无力矩储油罐、套顶储油罐。

金属储油罐由罐体（罐体由罐底、罐壁、罐顶组成，包括内部附件）、附件（指焊到罐体上的固定件，如梯子、平台等）、配件（指与罐体连接的可拆部件，如安装在罐体上的液面测控计量设备、消防设施）及有关防雷、防静电、防液堤安全措施等组成。

1. 固定顶储油罐

固定顶储油罐可分为锥顶储油罐、拱顶储油罐和自支承伞形储油罐。

（1）锥顶储油罐。锥顶储油罐又可分为自支承锥顶罐和支承式锥顶罐两种。

自支承锥顶罐的罐顶是一种形状接近于正圆锥体表面的罐顶，锥顶载荷靠锥顶板周边支承于罐壁上，如图4-35所示。

支承式锥顶罐如图4-36所示。

锥顶储油罐的罐顶是一种形状接近于正锥体表面的罐顶。罐顶载荷主要由梁和柱上的檩条或置于有支柱或无支柱的桁架上的檩条来承担，一般用在容量大于$1000m^3$以上的金属储油罐。对梁柱式锥顶罐，不适用于会有不均匀下沉的地基上或地震载荷较大的地区。

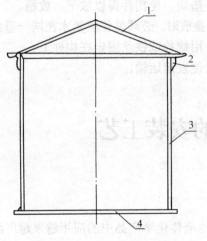

图 4-35　自支承锥顶罐简图

1—锥顶；2—包边角钢；3—罐壁；4—罐底

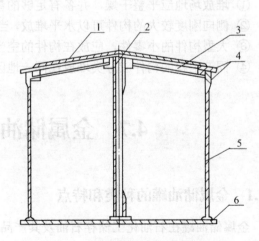

图 4-36　支承式锥顶罐简图

1—锥顶板；2—中间支柱；3—梁；

4—承压圈；5—罐壁；6—罐底

锥顶储油罐与相同容量的拱顶储油罐相比，可以设计成气体空间较小的小坡度锥顶，"小呼吸"时损耗少，锥顶制造和施工较容易，但耗钢较多。目前自支承式锥顶罐（中、小型罐）在我国设计建造越来越多，在锥顶上操作（罐顶坡度小）较自支承拱顶罐安全，国外在石油化工产品的储存方面采用锥顶储油罐较多。

（2）拱顶储油罐。拱顶储油罐可分为自支承拱顶罐和支承式拱顶罐两种。

自支承拱顶罐的罐顶是一种形状接近于球形表面的罐顶，它是由 4～6mm 的薄钢板和加强筋（通常用扁钢）组成的球形薄壳，如图 4-37 所示。拱顶载荷靠拱顶板周边支承于罐壁上。支承式拱顶是一种形状接近于球形表面的罐，拱顶载荷主要靠罐顶桁架支承于罐壁上。拱顶储油罐是我国石油和化工部门广泛采用的一种金属储油罐结构形式。拱顶储油罐与相同容量的锥顶储油罐相比较耗钢量少，能承受较高的剩余压力，有利于减少储液蒸发损耗，但罐顶的制造施工较复杂。目前国内拱顶储油罐最大容量已达 20000m³。

表 4-46 列出了柱支承锥顶罐与自支承拱顶罐的比较。

表 4-46 柱支承锥顶罐与自支承拱顶罐的比较

项目 \ 罐形式	柱支承锥顶罐	自支承拱顶罐
抗震性能	由于锥顶比拱顶弱，地震反应比较复杂	抗震性能好
不均匀下沉	会造成罐顶变形	由于无支柱因而比较安全
适用范围	储存允许内压以下的低挥发性及低蒸气压的石油化工产品	储存允许内压以下的低挥发性及低蒸气压的石油化工产品，适于内部加设防腐衬里
材料费	大	小
工地加工费	小	大
工程费	稍大	小
经济性	差	优
施工方便的程度	由于存在高空作业，因此安全性较差	可以用气吹法施工，因此安全性好

（3）自支承伞形储油罐。自支承伞形储油罐的罐顶是一种修正的拱形罐顶，其任何水平截面都具有规则的多角形，它和罐顶板数有同样多的棱边，罐顶载荷靠拱顶板支承于罐壁上，因此是自支承拱顶的变形。伞形罐顶是锥形顶和拱形顶之间的一种折中结构形式，伞形罐顶的强度接近于拱形顶，但安装较容易，因为罐顶板仅在一个方向弯曲。伞形罐顶在美国 API650 和日本 JISB8501 的规范中被列为罐顶的一种结构形式，但在国内很少采用。

固定顶储油罐一般均装有呼吸阀（储液为重质油品或在储存温度下挥发性很小的储液装通气孔），以降低气体的蒸发损失，同时也防止金属储油罐超压以保证安全。

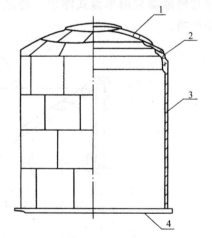

图 4-37 自支承拱顶罐简图
1—罐顶；2—包边角钢；3—罐壁；4—罐底

2. 浮顶储油罐

浮顶储油罐可分为普通浮顶储油罐和内浮顶储油罐。

（1）普通浮顶储油罐。普通浮顶储油罐的浮顶是一个漂浮在储液表面上的浮动顶盖，随着储液液面上下浮动。浮顶与罐壁之间有一个环形空间，在这个环形空间中有密封元件，使得环形空间中的储液与大气隔开，浮顶和环形空间中的密封元件一起形成了储液表面上的覆盖层，使得罐内的储液与大气完全隔开，从而大大减少了储液在储存过程中的蒸发损失，而且保证安全，减少大气污染。采用普通浮顶储油罐储存油品时可比固定顶储油罐减少油品损失 80%左右。

普通浮顶储油罐浮顶的形式很多，如单盘式、双盘式、浮子式等。

① 双盘式浮顶罐如图 4-38 所示。从强度来看，双盘式浮顶罐是安全的，并且上下顶板之间的空气层有隔热作用。为了减少对浮顶的热辐射，降低油品的蒸发损失，以及由于构造上的原因，我国普通浮顶储油罐系列中容量有 $1000m^3$，$2000m^3$，$3000m^3$，$5000m^3$ 四种。普通浮顶汽油罐采用双盘式浮顶。双盘式浮顶材料消耗和造价都较高，不如单盘式浮顶经济。

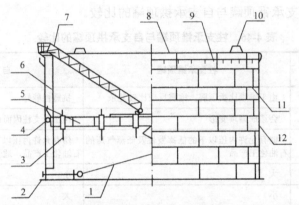

图 4-38　双盘式浮顶罐

1—中央排水管；2—罐底板；3—浮顶立柱；4—密封装置；5—双盘顶；6—量液管；7—转动浮梯；

8—包边角钢；9—抗风圈；10—泡沫消防挡板；11—加强圈；12—罐壁

② 单盘式浮顶罐如图 4-39 所示。考虑到经济合理性，容量为 $10000\sim50000m^3$ 的普通浮顶储油罐采用单盘式浮顶。总之，普通浮顶储油罐容量越大，浮盘强度的校核计算越要严格。

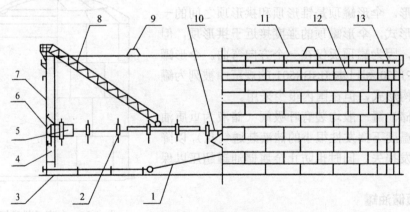

图 4-39　单盘式浮顶罐

1—中央排水管；2—浮顶立柱；3—罐底板；4—量液管；5—浮船；

6—密封装置；7—罐壁；8—转动浮梯；9—泡沫消防挡板；

10—单盘板；11—包边角钢；12—加强圈；13—抗风圈

③ 浮子式浮顶主要用于较大容量的金属储油罐（如 $100000m^3$ 以上），一般情况下，金属储油罐容量越大，这种形式越省料。

综上所述，普通浮顶储油罐因无气相存在，几乎没有蒸发损耗，只有周围密封处的泄漏损耗。罐内没有危险性混合气存在，不易发生火灾，故与固定顶储油罐比较，主要有蒸发损耗少、火灾危险性小和不易被腐蚀等优点。

在一般情况下，原油、汽油、溶剂油及重整原料油以及需控制蒸发损失及大气污染、控制放出不良气体、有着火危险的产品都可采用普通浮顶储油罐。表 4-47 列出了美国普通浮顶储油罐的使用范围，仅供参考。

表 4-47 美国普通浮顶储油罐的使用范围

储存液体	使用浮顶目的	对浮顶密封的特殊要求
汽油	控制蒸发损失及大气污染	—
喷气燃料	保证产品质量及安全	—
原油	控制蒸发损耗	—
酸性石脑油	控制蒸发损耗	要用专用密封材料
腐蚀性产品	控制不良气体泄漏	要用专用密封材料
丙酮	控制蒸发损耗、产品纯度及安全	要用专用密封材料
乙醇	控制蒸发损耗、产品纯度及安全	要用专用密封材料
四氯化碳	控制蒸发损耗、产品纯度	要用专用密封材料
三氯甲烷	控制蒸发损耗、产品纯度	要用专用密封材料

（2）内浮顶储油罐。美国石油学会（API）定义内浮盘为钢盘的浮顶储油罐为"带盖的浮顶储油罐"，而把内浮盘为铝或非金属盘的浮顶储油罐称为"内浮顶储油罐"，我国均统称为"内浮顶储油罐"，如图 4-40 所示。

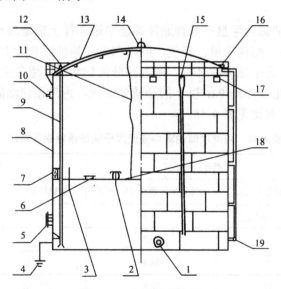

图 4-40 内浮顶储油罐

1—罐壁入孔；2—自动通气阀；3—浮盘立柱；4—接地线；5—带芯入孔；6—浮盘入孔；7—密封装置；
8—罐壁；9—量油管；10—高液位警报器；11—静电导线；12—手工量油口；13—固定罐顶；
14—罐顶通气孔；15—消防口；16—罐壁入孔；17—罐壁通气孔；18—内浮盘；19—液面计

内浮顶储油罐是在固定顶储油罐内部再加上一个浮动顶盖的新型金属储油罐，主要由罐体、内浮盘、密封装置、导向和防转装置、静电导线、通气孔、高液位警报器等组成。

内浮顶储油罐与普通浮顶储油罐储液的收发过程是一样的，但内浮顶储油罐不是固定顶储油罐和普通浮顶储油罐结构的简单叠加，它具有独特的优点。概括起来，内浮顶储油罐与固定顶储油罐比较有以下优点。

① 大量减少蒸发损失，内浮盘漂浮于液面上，使液面上无蒸发空间，可减少蒸发损失85%～90%。

② 由于液面上有内浮盘的覆盖，使储液与空气隔开，故大大减少了空气污染，减少了着火爆炸的危险，易于保证储液的质量，特别适用于储存高级汽油和喷气燃料，亦适合储存有毒的石油化工产品。

③ 由于液面上没有气体空间，故减轻了罐顶和罐壁的腐蚀，从而延长了金属储油罐的寿命，特别是对于储存腐蚀性较强的储液，效果更为显著。

④ 在结构上可取消呼吸阀、喷淋等设备，并能节约大量冷却水。

⑤ 易于将已建拱顶储油罐改造为内浮顶储油罐，投资少，见效快。

虽然在有些情况下可以采用普通浮顶储油罐来代替拱顶储油罐，但内浮顶储油罐与普通浮顶储油罐比较仍具有以下优点。

① 因上部有固定顶，能有效地防止风沙、雨雪或灰尘污染储液，在各种气候条件下都能正常操作，在寒冷多雪、风沙较盛及炎热多雨地区，储存高级汽油喷气燃料等严禁污染的储液特别有利。可以绝对保证储液的质量，有"全天候金属储油罐"之称。

② 在密封相同的情况下与普通浮顶储油罐相比，可以进一步降低蒸发损耗，这是由于固定顶盖的遮挡及固定顶盖与内浮盖之间的空气层比双盘式浮顶具有更为显著的隔热效果。

③ 由于内浮顶储油罐的浮盘不像普通浮顶储油罐那样上部是敞开的，因此不可能有雨雪载荷，浮盘上负荷小，结构简单，轻便，同时在金属储油罐构造上可以省去中央排水管、转动浮梯、挡雨板等，易于施工和维护。密封部分的材料可以避免由于日光照射而老化。

④ 节省钢材。容量在 $10000m^3$ 以下的金属储油罐，内浮顶储油罐要比普通浮顶储油罐的耗钢量少，其耗钢量对比见表 4-48。

表 4-48　内浮顶储油罐与普通浮顶储油罐耗钢量对比

油罐容量（m^3）	普通浮顶储油罐		内浮顶储油罐	
	油罐总重（t）	单位容积耗钢量（kg/m^3）	油罐总重（t）	单位容积耗钢量（kg/m^3）
1000	36.9	34.3	31.2	27.3
2000	54.9	26.2	52.37	23.3
3000	74.4	24.4	73.2	21.26
5000	123.6	22.8	108.745	20.6
10000	198.8	19.7	220.695	20.52

注：依据石油部北京炼油设计研究院内浮顶储油罐和普通浮顶储油罐系列图纸数据。

当然内浮顶储油罐也有缺点。例如与拱顶储油罐相比耗钢量多一些，施工要求高一些；与普通浮顶储油罐相比密封结构检查维修不便，不易大型化，目前容量一般不超过 10000m³。

国外用于内浮盘的材料，除钢板外，还有铝箔板、玻璃钢、硬泡沫塑料及各种复合材料等，采用铝箔板的好处是可防止污染储液，如高级油品；采用复合材料的好处是节约钢材，质量小，内浮盘不会沉没，耐腐蚀性能好。

内浮顶储油罐具有许多优点，应用范围将越来越广，是一种很有发展前途的金属储油罐。美国石油学会认为，设计完善的内浮盘是迄今为止为控制固定顶储油罐蒸发损失所研究出来的最好的和投资最少的方法。美国环境保护机构（EPA）也建议炼油厂使用内浮顶储油罐储存易挥发烃类产品。因此内浮顶储油罐可用来储存原油、汽油、喷气燃料等挥发性油品，以及乙醛、丙酮、丁醇、乙醇、甲醇、丁酮等化工产品，选择适当的密封材料后也可用来储存苯类产品。表 4-49 列出了美国带盖的浮顶储油罐储存产品及其目的，表 4-50 列出了国内内浮顶储油罐储存产品及其目的。

表 4-49　美国带盖的浮顶储油罐储存产品及其目的（1971 年）

储存产品	使用目的	对密封材料的要求
汽油	控制蒸发损失和污染	—
喷气燃料和透平燃料油	保证产品质量和安全	—
原油	控制蒸发损失	—
含硫污水	控制有害气体的泄露	要用特殊密封材料
含硫石脑油	控制蒸发损失和有害气体泄漏	要用特殊密封材料
废碱	控制有害气体的泄露	要用特殊密封材料
丙酮	控制蒸发损失、产品纯度和安全	有一些罐用氮气保护，要用特殊密封材料
乙醇	控制蒸发损失、产品纯度和安全	要用特殊密封材料
甲酚	—	使用标准结构
软化水	用作发电厂高压锅炉软化水的储存，使水中含氧量减至最少	—

表 4-50　国内主要内浮顶储油罐情况

储存产品说明		容量 (m³)	密封结构形式	储罐周转次数		投产日期	使用目的
名称	温度（℃）			升降总次数	年平均次数 次/年		
裂解汽油	−5～30	3000	三角形密封	308	51	1978 年 3 月	减小蒸发损失和污染，保证产品纯度
70 号汽油	−5～30	3000		147	46	1979 年 2 月	
70 号汽油	−5～30	5000		86	40	1978 年 12 月	
70 号汽油	−5～30	5000		90	45	1978 年 12 月	
二甲苯	常温	700		52	30	1978 年 11 月	
二甲苯	常温	700		41	30	1980 年 2 月	
糠醛	常温	300		14		1980 年 8 月	
乙醛	常温	200		12		1980 年 8 月	
苯	≤60	500				2003 年 2 月	
二甲苯	常温	700				2003 年 5 月	
丙酮	−5～43	20	舌形密封				

3．悬链式无力矩储油罐

悬链式无力矩储油罐是根据悬链曲线理论，由用薄钢板制造的顶盖和中心柱组成，如图 4-41 所示。

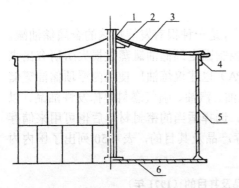

图 4-41　悬链式无力矩储油罐简图

1—中心柱；2—顶部伞形罩；3—悬链板；
4—包边角钢；5—罐壁；6—罐底

无力矩顶盖的一端支承在中心柱顶部的伞形罩上，另一端支承在圆周装有包边角钢或刚性环上形成一悬链曲线。在这种曲线下，钢板仅在拉力作用下工作，不出现弯曲力矩，钢材得到充分利用，从而可节省钢材，钢材耗量比拱顶储油罐要少 15% 左右。这种金属储油罐的另一优点是对降低储液蒸发损耗有利和安装方便，但近年建造的较少，因为悬链式无力矩储油罐（特别是大容量的）有以下缺点。

（1）顶板大且薄，有弧垂，易积雨水，腐蚀顶板，且量液操作行走不便。

（2）罐内气体腐蚀顶板，板薄易穿孔，人上罐顶有发生人身事故的危险。

（3）装有呼吸阀的金属储油罐白天与黑夜温度变化较大，罐内压力发生变化，特别是夏天顶板易反复发生凹凸现象，易疲劳破裂。

（4）结构的抗震性差。

悬链式无力矩储油罐的使用情况在我国也因地区和油品的腐蚀性不同而有区别，如北方大庆地区由于地基条件好，油品腐蚀性较小，雨量少且较干燥，使用良好；但南方广东茂名地区，由于油品腐蚀性较大，且高温、多雨、潮湿，使用不好，顶板寿命很短。

4．套顶储油罐

套顶储油罐是一种可变化气体空间的金属储油罐，可减少蒸发损耗。常采用的有湿式升降顶储油罐和干式升降顶储油罐两种。湿式升降顶储油罐用的密封液为水、轻油或其他非冻液，顶的升降范围为 1.2～3.0m 或更大一些。干式升降顶储油罐承压能力一般为 900～2300Pa。还有一种顶部带有挠性薄膜储气囊的升降顶储油罐。

4.7.2　金属储油罐的安装施工方法

对于大型金属储油罐，由于其直径和高度较大，壁较薄，需要有许多块薄钢板组合而成，因此钢板的排板、装配和焊接就成为金属储油罐施工的中心问题。

金属储油罐直径大，因此其径向刚度相对要小，这就不能像一般容器那样进行卧式装配和焊接，也不能像一般容器（如塔体等）那样整体起吊或分节起吊，而必须有其独特的安装方案。

目前金属储油罐的安装方案主要有正装、倒装及卷装等。

1．正装法

正装法的特点就是把钢板从罐底部一直到顶部逐块安装起来。它在浮顶储油罐的施工安装中用得较多，即所谓"充水正装法"。它的安装顺序是在罐底及第二层圈板安装后，开始在罐内安装浮顶、临时的支承腿。为了加强排水，罐顶中心要比周边浮筒低，浮顶安装好以后，装上水，除去支承腿，浮顶即作为安装操作平台，每安装一层后，将水上升到下一层工作面，继续进行安装。提前充水和渐渐地增加水量，目的是让罐底下的土壤慢慢地沉降，这种方法比罐建成后再充水试验节约时间。目前国内容量为 50000m³ 的浮顶储油罐都是采用这种方法施工安装的。

2．倒装法

倒装法（如图 4-42 所示为倒装罐中心杆布置示意图）就是先从罐顶开始从上往下安装，将罐顶和上层第Ⅰ罐圈在地面上装配、焊好之后，将第Ⅱ罐圈钢板围在第Ⅰ罐圈的外围，以第Ⅰ罐圈为胎具，对中、点焊成圆圈后，将第Ⅰ罐圈及罐顶盖部分整体起吊至第Ⅰ、Ⅱ罐圈相搭接的位置（留下搭接压边，且不要脱边）停下点焊，然后再焊死环焊缝。按同样方法，把第Ⅲ罐圈钢板围在第Ⅱ罐圈的外围，对中、点焊成圆圈后，再将已焊好的罐顶，第Ⅰ、Ⅱ罐圈部分整体起吊至第Ⅱ、Ⅲ罐圈相搭接的位置停下，压边点焊并焊死环向焊缝。如此一层层罐圈继续接高，直到罐下部最后一层罐圈拼接后，与罐底板以角接缝焊死。近几年来，我国已成功地采用了气吹倒装施工法，并用于大型拱顶储油罐及浮顶储油罐的施工安装中。如图 4-43 所示，气吹倒装施工法是先组装拱形罐顶，并进行下一层围板作业，将罐四周所有缝隙分别用胶皮板密封。启动离心式鼓风机，使罐体浮升。当罐体上升到要求高度时，控制风门闸板，使风机鼓入罐内的空气流量和罐内往外泄漏的空气流量相等，保持罐体不动，预先布置在罐周围的铆工和电焊工立即进行环缝的组对和点焊。全罐的环缝点焊完毕后，停止进风，进行下一层围板的焊接。

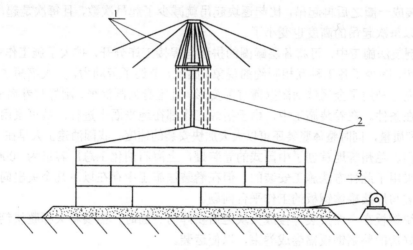

图 4-42　倒装罐中心杆布置示意图

1—拉绳；2—钢丝绳；3—电动绞车

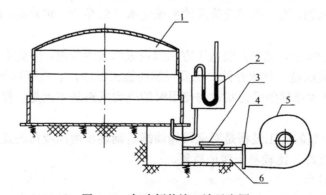

图 4-43　气吹倒装施工法示意图

1—拱形罐顶；2—U 形压差计；3—入孔；4—方法兰；5—风机；6—风道

3. 卷装法

卷装法就是将罐体先预制成整幅钢板，然后用胎具将其卷成卷筒再运至金属储油罐基础。将卷筒竖起来，展开成罐体，装上顶盖，封闭安装缝而建成。

4. 优缺点比较

对于固定顶储油罐的安装，正装法由于是把钢板从金属储油罐底部一直到顶部逐块安装起来的，因此它存在较多的缺点。例如，高空作业量大，要有脚手架的装卸工序，增加了辅助工时；钢板要吊到高空去安装，不仅操作不方便、不易保证质量、费时间，同时薄钢板悬在高空中还易变形；工序限制很死，作业面窄，各工种互相制约，造成安装工序烦琐，施工速度很慢，也不安全。所以正装法在施工安装固定顶储油罐中很少采用（除非对金属储油罐各圈罐壁要求对接焊时）。

倒装法的实现是由于充分利用了金属储油罐施工本身所具有的下列特点。

（1）金属储油罐外形规整，可以分段吊装。

（2）金属储油罐的高度和直径相差不悬殊，起吊时不致造成过分晃动。

倒装法相比正装法最显著的优点是把大量的高空作业变成低空作业，这样，不仅节省了有关脚手架的工序及原材料的消耗，且由于低空拼焊操作方便，质量易于保证，加快了速度。同时，每拼装成一圈之后再起吊，比起逐块起吊就减少了起吊次数，且每次是起吊一个罐圈的高度，所以每次起吊的高度也变小了。

此外，倒装法施工中，可将各层罐圈的拼装与焊接工序分开，扩大了施工作业面，各工种可混合使用，减少了各工种互相制约的现象。因此，节约了劳动力，大大缩短了施工周期。

卷装法充分利用了金属储油罐壁薄容易变形，且罐身为圆筒形，刚好与卷筒变形规律相符的这些内在条件。在卷装施工中，由于拼焊工作都在地平面上进行，故可采用自动焊接，以提高速度和质量，同时整体竖装还可以大大加快安装的速度。我国油建工人早在 1956 年就已先后在玉门、兰州等地首创了中国式的卷装罐，上海石油化工总厂容量为 3000m³ 的浮顶储油罐也是采用了此种方法施工安装的，但在卷装法施工中存在以下几个突出问题。

（1）拼装与焊接罐体钢板的工作平台问题。

（2）各块钢板在一面拼装焊接成大块之后要焊另一面时，需要将大幅整块钢板翻过来。

（3）焊好后的整幅钢板需卷成卷束，以便运装。

（4）卷束运到金属储油罐基础上的竖立与展开问题。

（5）封闭缝（罐体展开后的最后一条纵缝）的焊接工艺问题。

由于存在上述问题，加上我国现阶段的机械化水平尚存在一定差距，故卷装法目前在国内很少采用。

对浮顶储油罐的安装，充水正装施工方法国内采用较为普遍，颇受欢迎。因为在有水源的条件下，充水正装法是一种较好的、稳妥可靠的施工方法，它具有以下优点。

（1）施工时罐壁和浮顶的受力状态与使用时的受力状态基本上是一样的，因而不会在施工过程中影响罐体。

（2）整个充水正装的施工过程是对金属储油罐基础逐步增加载荷的过程，也是对金属储油罐各部分的检验过程，比较易于保证质量。

（3）施工用料较少。

（4）虽然高空作业较多，但罐内可以在浮船上操作；罐外吊篮较宽，外侧有栏杆，内侧靠罐壁，只要吊篮各部分牢固可靠，还是较安全的。

4.8 数控机床安装与调试

4.8.1 数控机床安装的准备工作

1. 机床的基础处理和初就位

（1）机床到货后的开箱检查。核对实物与装箱单及订货合同是否相符；按照装箱单清点技术资料、零部件、备件和工具等是否齐全无损。

（2）机床的基础处理。按照说明书的机床基础图或《动力机器基础设计规范》，选择好机床在车间内的安装位置，然后按 1:1 比例进行现场实际放线工作，在车间地面上画出机床基础和外形轮廓。检查机床与周边设备、走道、设施等有无干涉，并注意天车行程极限。若有干涉需将机床移位再重新放线，直至无干涉为止。

（3）机床的初就位。在基础养护期满并完成清理工作后，将调整机床水平用的垫铁、垫板逐一摆放到位，然后吊装机床的基础件（或整机）就位，同时将地脚螺栓放进预留孔内，并完成初步找平工作。做机床基础的同时预埋好各种管道。

2. 数控机床对工作环境的要求

为了保持稳定的数控机床加工精度，工作环境必须满足以下几个条件。

（1）适宜的环境温度，一般为 10～30℃。

（2）空气流通、无尘、无油雾和金属粉末。

（3）适宜的湿度，不潮湿。

（4）电网满足数控机床正常运行所需总容量的要求，电压波动范围为 85%～110%。

（5）良好的接地，接地电阻小于 4～7Ω。

（6）抗干扰，远离强电磁干扰如焊机、大型吊车、高中频设备等。

（7）远离震动源。高精度数控机床做基础时，要有防震槽，防震槽中一定要填充砂子或炉灰。

4.8.2 数控机床安装工艺要点

1. 数控机床机械零部件安装调试注意事项

（1）主轴轴承的安装调试注意事项。

① 单个轴承的安装调试。

装配时尽可能使主轴定位内孔与主轴轴径的偏心量和轴承内圈与滚道的偏心量接近，并使其方向相反，这样可使装配后的偏心量减小。

② 两个轴承的安装调试。

两支承的主轴轴承安装时，应使前、后两支承轴承的偏心量方向相同，并适当选择偏心距的大小。前轴承的精度应比后轴承的精度高一个等级，以使装配后主轴部件的前端定位表面的偏心量最小。在维修机床拆卸主轴轴承时，因原生产厂家已调整好轴承的偏心位置，所以要在拆卸前做好圆周方向位置记号，保证重新装配后轴承与主轴的原相对位置不变，减少对主轴部件的影响。

过盈配合的轴承装配时需采用热装或冷装工艺方法进行安装，不要蛮力敲砸，以免在安装过程中损坏轴承，影响机床性能。

（2）滚珠丝杠螺母副的安装调试注意事项。

滚珠丝杠螺母副仅用于承受轴向负荷。径向力、弯矩会使滚珠丝杠副产生附加表面接触应力等不良负荷，从而可能造成丝杠的永久性损坏。因此，滚珠丝杠螺母副安装到机床时，应注意以下几点。

① 滚珠螺母应在有效行程内运动，必须在行程两端配置限位，避免螺母越程脱离丝杠轴，而使滚珠脱落。

② 由于滚珠丝杠螺母副传动效率高，不能自锁，在用于垂直方向传动时，如部件重量未加平衡，必须防止传动停止或电机失电后，因部件自重而产生的逆传动，防止逆传动的方法有蜗轮蜗杆传动、电动制动器等。

③ 丝杠的轴线必须和与之配套导轨的轴线平行，机床两端轴承座的中心与螺母座的中心必须三点成一线。

④ 滚珠丝杠螺母副安装到机床时，不要将螺母从丝杠轴上卸下来。如必须卸下来时，要使用辅助套，否则装卸时滚珠有可能脱落。

⑤ 螺母装入螺母座安装孔时，要避免撞击和偏心。

⑥ 为防止切屑进入，磨损滚珠丝杠螺母副可加装防护装置如折皱保护罩、螺旋钢带保护套等，将丝杠轴完全保护起来。另外，浮尘多时可在丝杠螺母两端增加防尘圈。

（3）直线滚动导轨安装调试注意事项。

① 安装时轻拿轻放，避免磕碰影响导轨的直线精度。

② 不允许将滑块拆离导轨或超过行程又推回去。若因安装困难，需要拆下滑块时，需使用引导轨。

③ 直线滚动导轨成对使用时，分主、副导轨副，首先安装主导轨副，设置导轨的基准侧面与安装台阶的基准侧面紧密相贴，紧固安装螺栓，然后再以主导轨副为基准，找正安装副导轨副。找正是指两根导轨副的平行度、平面度。最后，依次拧紧滑块的紧固螺栓。

2．数控机床液压系统安装调试注意事项

液压传动由于其传动平稳，便于实现频繁平稳的换向，以及可以获得较大的力和力矩，在较大范围内可以实现无级变速，在数控机床的主轴内刀具自动夹紧与松开、主轴变速、换刀机械手、工作台交换、工作台分度等机构中得到了广泛应用。

液压系统安装调试时应注意以下几点。

（1）在液压元件安装前，须对全部元件进行清洗。

（2）在液压元件安装全过程中要特别注意洁净，防止异物进入液压系统，造成液压系统故障。

（3）油泵进出油口管路切勿接错，泵、缸、阀等元件的密封件要正确安装。

（4）液压系统管路连接完毕后，要做好各管路的就位固定，管路中不允许有死弯。

（5）加油前，整个系统必须清洗干净，液压油需过滤后才能加入油箱。注意新旧油不可混用，因为旧油中含有大量的固体颗粒、水分、胶质等杂质。

（6）调试过程中要观察系统中泵、缸、阀等元件工作是否正常，有无泄漏，油压、油温、油位是否在允许值范围内。

3．数控机床气动系统安装调试注意事项

气动装置的气源容易获得，机床可以不必再单独配送动力源，装置结构简单，工作介质不污染环境，工作速度快，动作频率高，适合于频繁启动的辅助工作。它在过载时也比较安全，不易发生过载损坏机件等事故。在数控机床的主轴内刀具自动夹紧与松开、主轴锥孔切屑的清理、刀库卸刀、机床防护门的自动开关、交换工作台自动吹屑、清理定位基准面等机构中得到了广泛应用。

气动系统安装调试时应注意以下几点。

（1）安装前应对元件进行清洗，必要时要进行密封试验。

（2）各类阀体上的箭头方向或标记，要符合气流流动方向。

（3）动密封圈不要装得太紧，尤其是 U 形密封圈，否则阻力太大。

（4）移动缸的中心线与负载作用力的中心线要同心，否则引起侧向力，使密封件加速磨损，活塞杆弯曲。

（5）系统压力要调整适当，一般为 0.6MPa。

（6）气动三联件应工作正常。

4.8.3　数控机床的调试和验收

数控机床调试前，应按说明书的要求给机床润滑油箱、润滑点灌注规定的润滑油和油脂，用煤油清洗液压油箱及滤油器并灌入规定牌号的液压油，接通外界输入气源。

1. 通电试车

（1）机床通电试车。通电可以是一次性各部件全面供电，或者各部件分别做供电试验，然后再做总供电试验。通电后首先观察有无报警故障，然后用手动方式陆续启动各部件，并检查安全装置是否起作用，能否正常工作，能否达到额定的工作指标。

（2）联机通电试车。在数控系统与机床联机通电试车时，虽然数控系统已经确认工作正常无任何报警，但为了预防万一，应在接通电源的同时做好按压急停按钮的准备，以备随时切断电源。例如，伺服电动机的反馈信号线接反或断线，均会出现机床"飞车"现象，此时需要立即切断电源，检查接线的正确性。

（3）检查机床各轴的运动情况。

首先应用手动方式连续进给移动各轴，检查机床部件移动方向是否正确。然后检查各轴移动距离是否与移动指令相符，控制环增益等参数设定是否正确。再用手动方式低速移动各轴，查数控系统是否在超程时发出报警。最后，还应进行返回参考点动作，检查每次返回参考点的位置是否完全一致。

2. 机床精度和功能的调试

调整机床的床身水平，粗调机床的主要几何精度，再调整重新组装的主要运动部件与主机的相对位置，如机械手、刀库与主机换刀位置的校正等。然后，用快干水泥灌注主机和各附件的地脚螺栓，把各个预留孔灌平。等水泥完全干涸以后，开始调试各部分的试运行状态。使用精密水平仪、标准方尺、平尺和平行光管等测量工具，在已经固化的地基上用地脚螺栓和垫铁精调机床主床身上的各运动部件，例如，立柱、滑板和工作台等，观察各坐标全程内机床的水平变化情况，将机床的几何精度调整在允差范围之内。调整时，主要以调整垫铁为主，必要时可稍微改变导轨上的镶条和预紧滚轮，使机床达到出厂精度。让机床以自动方式运动到刀具交换位置，再以手动方式调整好装刀机械手和卸刀机械手相对主轴的位置。

调整时，一般应用一个校对心棒进行检测。出现误差时，可以通过调整机械手的行程、移动机械手支座和刀库位置等进行微调，必要时还可以修改换刀位置点的设定。调整完毕后应紧固各调整螺钉及刀库地脚螺栓，然后装上几把刀柄，进行多次从刀库到主轴的往复自动交换。要求动作准确无误，不得出现撞击和掉刀现象。

对带有交换工作台的机床，应将工作台移动到交换位置，再调整托盘站与交换台面的相对位置，使工作台自动交换时的工作平稳、可靠、正确。然后在工作台面上装有 70%～80% 的允许负载，进行承载自动交换，达到正确无误后紧固各有关螺钉。

检查数控系统中参数设定值是否符合随机资料中规定的数据，然后试验各主操作功能、安全措施、常用指令执行情况等。例如，检查各种运动方式（手动、点动、MDI、自动等）、主轴挂挡指令、各级转速指令等是否正确无误。

检查机床辅助功能及附件的正常工作，例如，照明灯、冷却防护罩和各种护板是否完整；切削液箱注满冷却液后，喷管能否正常喷出切削液；在用冷却防护罩条件下是否有切削液外漏；排屑器能否正常工作；主轴箱的恒温油箱是否起作用等。

3. 机床试运行

数控机床应在带有一定负载的条件下，经过较长时间的自动方式运行，全面检查机床的各项功能及工作的可靠性。试运行的时间，一般采用每天运行 8h，连续运行 2～3 天，或连续运行 24h。

试运行中采用的程序叫考机程序，可以采用随箱技术文件中的考机程序，也可自行编制一个考机程序。一般考机程序中包括数控系统的主要功能使用，自动换取刀库中 2/3 以上的刀具，主轴最高、最低及常用的转速，快速及常用的进给速度，工作台面的自动交换，主要的 M 指令等。试运行时刀库应插满刀柄，刀柄质量应接近规定质量，交换工作台面上应加有负载。在试运行时间内除操作失误引起的故障外，不允许机床有其他故障出现，否则表明机床的安装调试存在问题。

4. 数控机床的验收

（1）检查机床说明书（机械、电气）、合格证是否齐全，并根据合格证书进行验收。

（2）机床外观的验收。

① 油漆质量。

② 铸件质量。

③ 电气走线布置是否合理、牢固。

④ 电气元件、液压元件标设是否齐全。

（3）机床功能验收。

① 系统各种功能可否实现。如各类 G 功能及 M 功能。

② 基于安全方面的动作互锁功能是否有。（制造商根据机床特点在 PLC 中设置的。比如，机床处在 G01 状态中，通过操作面板就不能使主轴停转等。）

③ 各轴的行程极限设置是否可靠。具体地讲，机床无论以何种速度向极限位运动，到极限位时机床应减至系统设置值速度运行（系统应有报警），如再向外运行，即碰上断电挡块（使电机的能势撤销）。限位挡块与断电挡块的距离要合理。

④ 机床润滑是否良好。

⑤ 冷却。

⑥ 排屑功能。

（4）机床空运行。（空运行时间可和制造商协商，空运行主要看新机床的工作状况是否正常。）

空运行动作应包括：

① 全行程运动（$X\backslash Y\backslash Z$ 界限）；

② 以最高速度运动（G00\G01）；

③ 最重、最长刀具换刀动作。

（5）根据合格证验收机床的静态几何精度。（根据机床合格证书确定。）

（6）机床的动态精度。

① 可通过使用激光干涉仪检查三轴的定位精度和重复定位精度及反向间隙。（如带光栅的，最好检测一下撤销光栅后的精度。两者精度越相近，说明机床装配质量越好。）

② 通过切削标准试件，经三坐标测量仪检测各项精度。

（7）检查各项资料、附件、备件、易损件是否齐全。

（8）用户可根据自己的要求对机床提出整改意见，与制造商协商后，签订《整改备忘录》。在机床最终验收时再对《整改备忘录》验收。

（9）其他。如对机床刚性有要求的，可要求制造商进行强力切削试验。也可要求制造商对机床在最高转速时检测主轴温升等。

复习思考题 4

1. 对设备安装精度检验的要求有哪些？

2. 怎样检验导轨的直线度？

3. 机床安装精度检验的一般要求有哪些？

4. 试述车床安装精度的检验方法。

5. 怎样安装双柱立式车床？

6. 简述活塞式压缩机的工作原理及结构。

7. 简述活塞式压缩机安装工艺。

8. 简述活塞式压缩机试车步骤。

9. 简述工业锅炉的功能和分类。

10. 简述工业锅炉的安装工艺内容及安装基本要求。

11. 简述锅炉钢架的安装。

12. 简述锅炉汽包的安装。

13. 简述受热面管子的安装。

14. 简述桥式起重机的分类、结构及安装程序。

15. 桥式起重机行车梁的检查项目主要有哪些?

16. 简述桥式起重机轨道的制作安装。

17. 简述桥式起重机的解体搬运。

18. 简述桥式起重机的试车程序。

19. 电梯安装前的准备工作有哪些?

20. 简述电梯机械部分的安装工艺过程。

21. 简述电梯试运行前的准备工作及试运行步骤。

22．试述钢结构的拼装。

23．简述钢结构的安装。

24．简述金属储油罐的种类和特点。

25．金属储油罐的安装工艺方法有哪些?各有何优缺点?

26．简述数控机床安装工艺要点。

27．简述数控机床调试工艺过程。

参 考 文 献

[1] 吴锡桐. 建筑工程施工员手册. 上海：同济大学出版社，2010.

[2] 中国机械工业联合会. 机械设备安装工程施工及验收通用规范. 北京：中国计划出版社，2009.

[3] 刘霞. 公差配合与测量技术. 北京：机械工业出版社，2017.

[4] 卢秉恒. 机械制造技术基础. 北京：机械工业出版社，2013.

[5] 李玉兰. 数控机床安装与验收. 北京：机械工业出版社，2017.

[6] 余宁. 电梯安装与调试技术. 南京：东南大学出版社，2011.

[7] 王福利. 压缩机组. 北京：中国石化出版社，2007.

[8] 徐英，杨一凡，朱萍. 球罐和大型储罐. 北京：化学工业出版社，2005.

[9] 机械工程手册、电机工程手册编辑委员会. 机械工程手册（第 2 版）第 12 卷 通用设备卷. 北京：机械工业出版社，1997.

反侵权盗版声明

电子工业出版社依法对本作品享有专有出版权。任何未经权利人书面许可，复制、销售或通过信息网络传播本作品的行为，歪曲、篡改、剽窃本作品的行为，均违反《中华人民共和国著作权法》，其行为人应承担相应的民事责任和行政责任，构成犯罪的，将被依法追究刑事责任。

为了维护市场秩序，保护权利人的合法权益，我社将依法查处和打击侵权盗版的单位和个人。欢迎社会各界人士积极举报侵权盗版行为，本社将奖励举报有功人员，并保证举报人的信息不被泄露。

举报电话：（010）88254396；（010）88258888

传　　真：（010）88254397

E-mail：　dbqq@phei.com.cn

通信地址：北京市万寿路 173 信箱
　　　　　电子工业出版社总编办公室

邮　　编：100036